光ファイバ開発とヤマの記憶

日本の技術開発は日本流で

中原基博著

新潮社
図書編集室

まえがき

1970年代初期から始まった日本における光通信技術の開発には多くの研究者・技術者が参画してきた。筆者はNTTの研究所においてその研究・開発に携わった大勢の研究者の中の一人である。研究者としての私の目を通して見た日々の研究現場の風景や様々な出来事が、数十年後の今もなお、その一部であるが鮮明に私の脳裏に焼き付いて残っている。その記憶は時として私の脳内で断片的な映像として映し出されることもある。

しかしそれは決して格好良い映像だけではない。実験の失敗と成功、反復実験と新規実験、挫折と克服、他国との競争に対しての焦燥と安堵、時々の満足感など、陰陽入り混じったものである。これらの状況は、研究開発が成功し、その成果を記載した論文では表現できないものである。論文にはその時々の失敗や人々の感情は記載してはならないからである。

この本は、実際の研究現場の状況や当時の風景、現場の人々の動きを私の記憶を頼りに文章化したものである。世界的にもアナログの技術がデジタル技術に大変革しようとしている時代に、私たち日本のものづくりに関与した研究者たちが当時どのように奮闘していたのかが少しでも伝わり、この冊子が来るべき時代の技術を考える上での一つの情報になれば幸いである。

目次

まえがき *1*

序章

ビル・ゲイツの誉め言葉 *9*
記憶と記録 *12*
日本のデジタル指向の危うさ *13*
技術開発の現場風景 *15*

第一章 光ファイバ

君は研究をやめてくれと言われた時 *17*
ガラスは透明でなかった *18*
透明なガラスの出現 *20*
日本は遅れてスタートした *26*
研究村 *28*

第二章 NTTにおける光ファイバ研究開始風景

光ファイバ研究の開始 *31*
レーザ用結晶の研究開始 *36*
始めてはみたものの *37*
やはりコーニング社を参考にして *39*
研究生活の寄り道 *44*
ベル研究所の研究員との出会い *50*
研究室はさながらカンブリア紀の様相 *55*

第三章 VAD法の発明と開発

国産自主技術VAD法 *59*
VAD法のデビュー *66*

迷いを吹き飛ばした新しい装置　*71*
それは死の谷ではなく、曲がった道であった　*78*
ミニプラントの開始　*83*
行動すれば見えてくる　*87*
月までの距離を目指して　*93*
「ABC理論」で天井を抜いた　*100*
自然はアナログ、日本はアナログ　*112*

第四章　事業化への準備
遂に開発からも離れる時が来た　*119*
落第が光明になった　*122*
またもや難問に遭遇　*124*
ニューヨークからの手紙　*131*
三菱商事との出会い　*138*
NTT内部の合意は取れた　*140*
バテル研究所、三菱商事とのすれ違い交渉が始まる　*142*
複式簿記との出会い　*153*
研究所の再編　*155*

第五章　光導波回路のミニプラント
新規事業のアフターフォローは誰がやる　*158*
手のひら返し　*164*
研究所における士農工商　*166*

第六章　研究部所属の町工場
町工場で何が悪い　*171*
本物の町工場との出会い　*177*

禁断を破って接着剤を使用　*180*
いよいよ世界にデビュー　*186*
ミルクで育てる　*188*

第七章　光導波回路の日本回帰
やはり自分でやるしかない　*192*
電話とデータの逆転　*195*
金のリンゴ　*199*
ヤマを売ってでも　*201*
竣工　*206*
好事魔多し　*209*
宴の後　*214*
ITバブルの崩壊　*220*
FTTHへの布石　*221*

第八章　遂に自分で町工場を始めた
60歳からの出発　*229*
69歳からのベンチャー　*234*
心臓手術　*236*
生き返って再出発　*239*
アナログ技術でデジタル市場に向かう　*242*

最終章　*254*

謝辞　*260*
参考文献　*261*

装幀　ベター・デイズ（大久保裕文／村上知子）

光ファイバ開発とヤマの記憶

—日本の技術開発は日本流で—

序　章

●ビル・ゲイツの誉め言葉

1998年、マイクロソフトのビル・ゲイツに対して「最も恐れている挑戦者は？」とインタビューした人がいた[1]。アメリカ、ワシントン州のマイクロソフト本社でのことだ。その答えは、オラクルでもアップルでもなかった。彼はしばらく考えた後に、「怖いのは、どこかのガレージで、まったく新しい何かを生み出している連中だ」と答えている。新規に事業を立ち上げようとしている若者たちにとってこれほど胸躍る、勇気づけられる誉め言葉があろうか。実際ビル・ゲイツの予言はその通りになった。1998年にGoogleが立ち上がり、6年後の2004年にはFacebookが立ち上がり、その後急激にマイクロソフトと肩を並べる存在になった。1998年当時はGoogleのラリー・ペイジとサーゲイ・ブリンはまだスタンフォード大学を出たての若者であり、Facebookのマーク・ザッカーバーグは18歳の若者であった。アメリカならでこそ、わずか数年でこのような世界的な企業がいくつも輩出したのだろう。

それに対して、事業分野もビジネスモデルも規模も何もかも比較のしようがないほどのことではあるのだが、私は今、日本の片隅で倉庫を借りて事業を立ち上げている。業種は製造業である。格好の良いIT系ソフトやDX系ビジネスとは似ても似つかない。細かなガラス部品のアナログ的製造業種だ。今の若者から見たらとても21世紀のスター的な分野ではない。さらに私にはどうしても克服できない大問題がある。私は学校を出たての夢見る若者でもなく強烈な野心を抱いた若く颯爽とした事業家でもない。既に、79歳の後期高齢者である。

冒頭のビル・ゲイツがインタビューに答えた1998年当時、私はNTTエレクトロニクス株式会社（NEL）において茨城県の那珂西部工業団地に将来の光通信システム用の光集積回路の製造工場を建設しようとしていた。既に50歳を越え、ガレージで夢見る若者ではなかった。NTTは製造分野には進出しないという了解の上で1985年に日本電信電話公社から民間の株式会社に移行した経緯がある。それにもかかわらず私は将来の光通信に不可欠なキー部品を自ら製造するパイロット工場を建設中であった。NELの社長には、失敗した時には「郷里の山」を売ってでも弁済するので工場を建設させてほしいと強く頼み、計画を進めさせてもらった。ただ、私の郷里は福岡県田川市の筑豊地帯の真ん中であり、私の「山」とは「ヤマ」つまりボタ山のことであったのだが。工場は1998年3月11日に竣工し、竣工と同時に、いや、未だ建設中の時から、世界中からの注文や予約が殺到した。私がなぜこのような企画をして工場建設まで実行したかの理由は、さらに20年前のことに起因する。

1978年の2月、私はNTT（当時は電電公社）の茨城電気通信研究所において生まれたばかりの光ファイバ製造技術であるVAD法（Vapor-phase Axial Deposition Method）[(2)]を実際に事業としても使えるようにするため、国内ケーブルメーカ3社と一緒に共同開発をするよう命じられた。

VAD法とはNTTの武蔵野電気通信研究所から茨城電気通信研究所に転勤してきた伊澤達夫氏らが1976年に発明した国産の

光ファイバ製造技術である。従って私はVAD法の発明者ではなく、最終的に光ファイバを製造して事業を発展させ利益を享受できるステークホルダーのケーブルメーカでもなかった。

一般に基礎的な研究と事業の間には埋めがたい深い谷、Death Valley、が存在すると言われている[3]。この谷を越えなければ優れた発明も技術も世の中に出ていくことは難しい。研究所で何かができたというので、事業部でそれを作ってみたら全くできなかったという例は頻繁に起こっている。この両者のギャップを埋めることができずに日の目を見なかった優れた技術はいくつも存在する。つまり私はこの谷を埋めるエンジニアリングの役目を仰せつかったことになる。ところが、これは死の谷というべきものではないことがやってみて初めてわかった。この谷はそこに存在しているのではなく、自分自身のイメージの中で作り上げた心の中の障壁であることもわかった。

研究者はその習性として人のやっていない新しい何かを発明・発見することに全身全霊を尽くす。私も研究者の一人としてそのような習性を持っていた。だから、人がやったことを、人がやることにつなげる役目をすることに抵抗がなかったわけではない。だが、一人の企業内研究者として葛藤を抱えながらも、当時はその役目に邁進した。その結果、私の予想に反してそれまでの自分からは信じられないほどの多くのことを学ぶことができ、体験することもできた。そしてそれらの体験はその後の私の人生の核のようなものになり、やがては80歳を目前にした今の行動を決定づけることにもつながっている。

●記憶と記録

私は研究や開発に関連した生活を50年以上送ってきた。誰の人生にもあるようにそれは自分にとっては大きな出来事の連続であったが、客観的に見れば国内数百万人の技術系職業人の一人の平凡な人生であっただろう。そしてその過程の一部は私の記憶として今も残っている。

2018年の秋、私は偶然に福島県二本松市の安田力壽氏の執筆による『ある農民兵士のいくさ回顧録』[(4)] という自費出版の本に出会い、それを大変興味深く読んだ。彼は福島県の普通の農家の家族持ちの男性であった。1944年（昭和19年）に二等兵として召集され南方の戦地に送られ、辛うじて九死に一生を得て終戦後に復員するまでの様々な出来事を、平凡な一農民出身兵士の観点から詳細に書き綴っていた。そこには生死を分ける厳しい戦場の様子から、飢餓や日常の些細な出来事までが生々しく記載されていた。フィリピンにおける過酷な戦争体験の途中で日記や手帳は紛失したそうであるから、書かれていることは記録ではなくすべて記憶によっていた。しかしその内容は具体的であり実体験に基づいていて生々しく、記録や年表に基づいた正式な戦記物よりもよほど本当の戦場の様子を伝えているように感じた。記憶をたどることでこれほど戦争の実態というものを人に伝えることができるのだと感心したものである。

これまで光通信関連の研究開発の歴史を記載した書籍は多く出版されている。そのほとんどは正確な記録に基づいた内容であるが、なぜか、当時その研究開発現場にいた人間から見ると、実際のこととはずいぶん違うのではないかと思えてならない。あの時はこのようではなかったとか、もっと開発は一筋縄ではいかなかったとか、あれがあったから乗り切れたとか、そこで一心に研究開発に従事した多くの人間の生の声が聞こえてこず、実際の状況が表現されてないように私には思える。研究現場の生々しい人間の状況や息使いが伝わってこないのだ。

●日本のデジタル指向の危うさ

現在、世界はデジタル化に向かって進んでいる。日本はそれに乗り遅れているのも事実だ。企業群を見てもアメリカは創業20年や30年以内のデジタル系企業が創業100年前後の日本企業が束になってもかなわないほどに興隆を極めている。このためか、日本もそれに倣って第二、第三の国産Googleを生み出そうという風潮もある。アメリカのシリコンバレーに続けと声高に叫ばれている。

しかしそれは日本にとって本当に正しい方向だろうか？　現時点では日本はデジタル系に弱い、それは事実だ。しかし一方ではアナログ系には強いということも事実だ。だからこそ、これまで日本が経済的に発展してきたのではないだろうか。私は光ファイバ開発の体験からもつくづくそう思う。国産自主技術として発明された光ファイバ母材の製造方法の一種であるVAD法はまさに日本でなければ生まれなかった発明だと思う。それは極めてアナログ的であり、水が上から下に流れるようにしか技術は完成しなかったのである。自然に逆らった強制的な制御ではVAD法による光ファイバの製造は無理であった。1998年に茨城に工場を建設して世界中に販売した光集積回路もそうであった。

今私が改造した倉庫で作っている、最先端の光通信システムであるデジタルコヒーレント光通信用やシリコンフォトニクス用の先端的なガラス部品もそうだ。そうであるならば日本は日本の強みを生かした産業・技術をもっと伸ばすべきではないか。日本をデジタル化で便利な社会にすることは必須である。そのためのIT技術者を養成することも必須である。ただ、それは日本が遅れているデジタルの利用技術や社会実装を発展させることを目的とすべきであると思う。

アメリカにGoogleやシリコンバレーが存在するのは単にデジタル技術がアメリカで進んでいるからということではなく、もっと根が深く、技術とは関係のない事柄にその原因があるように思える。GAFAもシリコンバレーもヨーロッパやオーストラリアにはできていない。アメリカだけである(5)。そのことを抜きにしてアメリカの真似を目指すならば、あまりにも足元を見ておらず自己分析が足りない行為と思えてならない。技術は情報でありそれを真似ることは可能であるが、歴史や、それによって培われた民族性・気質を真似ることはできない。もしもアメリカと同じようになろうとするならば、日本人のDNAからの変革を求めなければならないだろう。社会の構造や考え方、ひいては人の生き方から変わらなければならない。日本人の社長の中に、Googleのペイジのようにローラースケートを履いて出社している人が一人でもいるだろうか。ワシントンの議事堂の会議にTシャツで出席する人がいるであろうか(1)。日本の学校において、現在のがんじがらめの細かな校則を撤廃して、Googleの創始者たちが受けたモンテッソーリのような自由な教育を受けることを多くの親たちが許容できるであろうか？　日米の差は民族やカルチャーなどの根底に存在している。そのようなことを抜きにして表面だけデジタルと叫んでもむなしくなるだけであろう。

素材、部品、装置を含めて日本の企業の中には世界シェアの多くを占めている会社が数多くある。なぜそれらの会社が世界シェアを占めることができているのかを分析し、戦略的に将来の産業育成を考えることが、今やるべき最も重要な事柄と考える。

●技術開発の現場風景

これらの問題に関連して、私は光ファイバの開発を主体に、私が体験してきた研究開発の現場の状況を、自身の記憶によって呼び覚まし、実際はどうであったかを伝えるべきではないかと考えるに至った。丁度、ある農民兵士が記憶によって戦場の実際を伝えようとしたように、私も記憶によって、平凡な一農民兵士になったつもりで光通信の開発現場の状況を伝えたいと思う。「農民兵士の戦場体験」と「大本営参謀本部の戦場認識」が大きくずれていたのと同じように、日本の実際の研究現場とこれからの日本の技術・産業の育成戦略策定部門との認識に大きな乖離があってはならない。この記憶の記録がどれだけ何かの役に立つかどうかはわからない。ただ、シリコンバレーに続けとか、Googleに続けとか、安易に起業家を増やせとか、格好が良い言葉に惑わされずに、冷静な判断に基づいた日本の今後の産業を考える一助になればと思う。

以下は私の記憶に頼って書いたものである。それは、私の記憶によって当時の研究開発の現場の状況と、そこで奮闘した人間の生き様が少しでも世の中に伝わることに主眼を置いている。しかし、人の記憶はその人の体験に根差しているため、どうしても自分の体験を記載しなければならない。このため私の記憶が間違っているかも知れないことについては多大な懸念を抱いてはいる。

その点についてはご理解をお願いしたい。このことを少しでも払拭するため、当時一緒に研究開発を行っていた仲間の人たちの何人かに、私の記憶の確認と補正をお願いし、開発現場の写真の提供も一部ご協力いただいた。そのような状況で私が書こうとしているのは、今現在私の中に残っている記憶であり、生の研究現場が自分にとってどのように見えていたかの時々刻々の風景である。

第一章　光ファイバ

●君は研究をやめてくれと言われた時

今から40年以上も前の1978年の2月、私は茨城県東海村にあったNTT（当時は日本電信電話公社）の研究所において、光ファイバ量産化のためのミニプラントを担当するように命じられた。ミニプラントとはパイロットプラントとも試作工場とも呼ばれていた。それは国産自主技術の開発を目的に発明された光ファイバの製造方法を国内ケーブルメーカで量産化できるようにするための橋渡しをすることを意味していた。

一般的に世間では、科学と技術はあまり区別されずに同じものと認識されているが、研究と開発も同じものと思われている。一方、私たち研究者にとっては研究と開発の間には大きな違いがある。研究では、人よりも先に人がやっていないことで成果を出すことが要求される。基本的にその人の能力が決め手になり、その結果は世界で最初で一番でなければならない。すぐに世の中で役に立つかどうかはそれほど問題ではない。研究成果は論文を出すことによって結実し、研究者は歴史に刻まれる。開発はそれとは全く逆に、人より遅れても良いし、人が既にやっていることでも良い。二番手でも三番手でも構わない。開発した技術が実際に世の中に出ていき活用されるかどうかが問題となる。個人の能力よりも多くの人の専門知識の結集に負うところが多い。力を結集させるためグループで行い、世の中に役に立つことがその最終目標になるが、論文を出すことは目的ではないので、開発過程は公の記録に残ることはあまりない。基礎的な研究をしている人にとっては一般に開発はやりたくない人が多い。だから私にとっても、ミニプラントを担当することは、研究をやめることを意味しているに等しかった。私は研究に未練はあったが、一方ではミニプラントという全く新しい試みもぜひやってみたいという気持ちと興味が強くあった。結果的に私にとってこの時がその後の人生の方向を大きく変える分岐点であったと思う。研究者としての生き方を変え、それからは基礎技術を実際に世の中で使える技術に高める、つまり開発またはエンジニアリングに専念することになった。そして開発の重要性についての認識が180度変わり、最終的には研究と開発、そしてそれらを活用した事業化までを一貫して考えるようになった。それらは断絶するべきものではなく、連続するものであると理解するようになった。私がそのように考えるようになった過程がどのようなものであったかを、残っている記憶を脳内からダウンロードして表現していくつもりである。

その前に全体の理解を深めるために、当時の関連する技術の背景について以下に解説を交えて説明する。

●ガラスは透明でなかった

1970年代の初頭、光ファイバの製造を国産自主技術で行うことは、NTTがどうしても成し遂げたい、または成し遂げねばならない一大テーマであった。なぜそうであったかといえば、通信の最も基本的なハードウエアである伝送媒体が、今後は銅線からガラスの光ファイバに変革するかも知れない重要な時に、NTTや日本のケーブルメーカは欧米に比べてその開発に遅れを取っていたからである。

既にアメリカでは1970年にコーニング社が世界に先駆けて低

損失な光ファイバの製造に成功していた。ここでの低損失とは光ファイバに入れた光の強さが光ファイバ中を通過する途中で弱まることなく遠くまで透過する能力の意味である。透明性に優れている光ファイバと言っても良い。光を通信に使うには透明なガラスファイバを使用して遠くまで光を届けなければならない。1970年のコーニング社の光ファイバがどのくらい透明だったかというと、入り口で100の強さの光を光ファイバに入れた場合、1kmの長さの光ファイバを通過した後に1の強さの光が出口から出てくる程度であった。つまり1kmあたり1/100、1%の透過率ということになる。ガラスだから透明なのは当たり前と思うかも知れないが、必ずしもそうではない。例えば厚さが1cmで縦横1mの窓ガラスは正面から見ると確かに透明で少し青みがかって向こう側が透けて見えるが、これを正面ではなく側面方向から見ると緑色に見えるだけで向こう側は見えない。つまり厚さ1cmでは透明であるが1mではもう透明ではない。1kmで1%の光が透過するというのは100,000cmの厚さのガラス板を通して向こう側がかすかに見えるのと同じ状況である。湖の透明度は白い円板を沈めて、それが見えなくなる時の深さで測る。日本で最も透明な湖である北海道の摩周湖でも現在では20m程度で透明度はなくなり検査用に沈めた白い円盤は見えなくなる。コーニング社の光ファイバは、1,000mの深さでもかすかに水の底が見えるほどの透明度に相当する。もしも1,000mの厚さのガラスを光が透過して1%でも向こう側にその光が出てきたら、そのガラス（光ファイバ）は通信に使用可能という画期的な出来事であった。言い方を変えれば、光ファイバこそが将来の光通信を担う本命に躍り出たことになる。

●透明なガラスの出現

今でこそ光通信といえば、多くの場合光ファイバが使用されているのが当たり前になっているが、1970年以前ではそれは全く当たり前ではなかった(6)。

1mくらいのガラスの棒または繊維中を光が透過する現象は古代のガラス細工が始まった頃からガラス職人が経験的に知っていることであった。ガラスでなくても透明なプラスティックの繊維や公園内でライトアップされた噴水の水柱がきれいな導光路になっているところを見たことがある人は多いだろう。細いガラス繊維ならば曲げても光を透過させることができる。産業的にこの原理を適用したものが医療用のファイバースコープ（胃カメラ）であり、1960年代には既に一般的にも普及していた。ではこれを通信用の伝送媒体として使用することを想定した場合、それは可能なのであろうか？　1950年代にはNarinder S. Kapanyによって光が通過するコアとそれを包むクラッドの構造からなる光ファイバの方が、ガラス細工の単なる棒や噴水の水柱などに比べて光の透過率が安定していることも示されていた。Kapanyは光ファイバという言葉を初めて使った人でもあり「光を曲げた男」とも呼ばれている。

医療用ファイバースコープ用のガラスは長くても数メートルの距離を光が透過すれば良い。一方、通信の場合には数kmから数10kmまたは100kmも透過させなければならない。窓ガラスを断面方向から見ると緑色に見えるのは鉄などの不純物が含まれているためだ。ガラス中の不純物を徹底的に除くことができれば光を遠くまで透過させることができるはずであるが、それは当時の

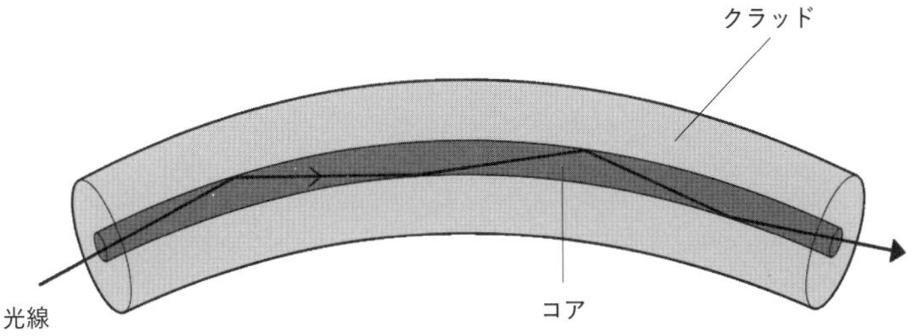

光ファイバ中の光の進み方

技術では全く不可能に近いことだと思われていた。このためガラスファイバについては理屈の上での可能性は大きいものの、現実的には他の方法、つまり光を空中に飛ばす方法や、レンズや鏡で光の方向を曲げて伝える方法などの候補技術に比べて最も困難なものと認識されていた。1960年代はこのような時代だったのである。

ところがこの状況においても、イギリスのSTL（Standard Telecommunication）社の若い研究者Charles K. Kaoが、光ファイバを使用して通信をした場合どのくらいの光透過率のガラスがあれば実用的であるかという命題に対しての研究に取り組んでいた。世界的に見れば日本の西澤潤一氏、アメリカのStewart E. Miller氏なども光ファイバの光通信への応用について種々の研究を行っていた。西澤氏は1964年にコアの屈折率について中心部を高くして徐々に釣り鐘状に低くすることによって高速の光通信を行えることを示していた。従ってKaoは誰も考えつかなかったような光ファイバそのものを、無から有が生じるような形で発明したわけではなかった。その時点では連続的な思考の結果であっても、後から考えるとそれはそのように見えるものである。1965年に発表した論文においてKaoが言及したのは、20dB/km（1kmあたり1%の光透過率に相当、dB: デシベル）の光ファイバが実現できれば光通信は可能になる、そしてそのような光ファイバは材料中の不純物、特に鉄、を除くことによって実現できるということであった。この論文でKaoは2009年にノーベル賞を受賞した。これまでの光ファイバの研究者の論文と異なる点は光ファイバの構造だけではなく材料的な側面を強調し現実的な可能性を示した点にあると言える。そして光学ガラス、石英ガラス、ポリメチルメタクリレート材料について実験を行い、不純物の鉄を百万分の1重量%まで低下させれば20dB/kmの値が得られそうだと予測した。その後Kaoは1966年にアメリカ・ベル研究所のHolmdelを訪問し、このような光ファイバによって光通信が可能になることを講演した。Kaoがのちに語ったところによると、その時のベル研究所の反応は懐疑的だったとのことである。しかし、ベル研究所でKaoの講演を聴いた人たちのインタビューでは、それとは逆の答えが返ってきている。講演を聴いた人の中で否定した者は誰もいなかったと答えている(7)。実際1969年にはベル研究所で光ファイバの研究が開始されている。日本でもKaoはNTTの武蔵野通研基礎研究部を訪問して光ファイバの開発を持ちかけた経緯がある。この場合もNTT研究所からの反応はなかったと言われている。ベル研究所のHolmdelやNTT武蔵野通研では、電気通信システムや装置、無線、音響関係の研究者が主体であり、ガラス材料には深い関心を持っていなかったのがその理由かも知れない。ただ、仮にNTTがKaoの提案に賛同していたとしても、当時の日本の技術はコアとクラッドを有する石

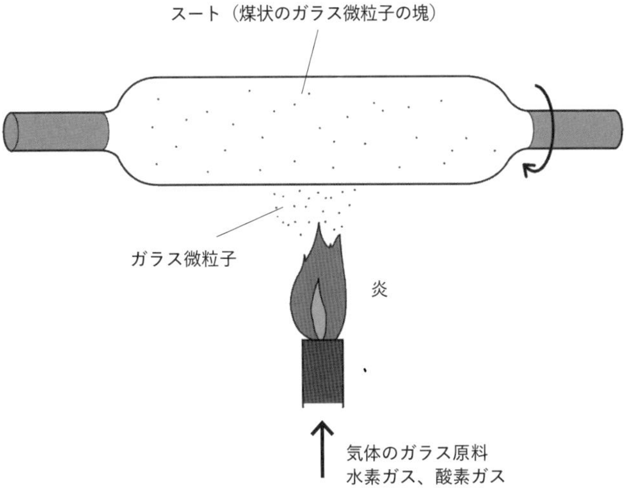

コーニング社のOVD法（外付け法）

英ガラス製の透明な光ファイバを製造できるレベルではなかったと推察される。

結局 Kao の考えに賛同しアクションを起こしたのはニューヨーク州コーニング市のコーニング社であった。コーニング社は約170年の歴史を持つ伝統的なガラス会社であり、それまで一般にはグラタンの耐熱皿などで知られていた。コーニング社の会社敷地内にある博物館に行けばガラス職人が器用な手つきで昔ながらのガラスの鹿細工を作っている光景を見ることができる。しかし現在では光ファイバ製造では世界一の生産量を誇る会社であり、液晶テレビやスマートフォンの表面の超薄型のガラス板、ハッブル宇宙望遠鏡やすばる望遠鏡の鏡、半導体製造装置用のレンズなどを生産している世界的な最先端企業である。コーニング社の過去の特許を見ると光ファイバと同じ材料である石英ガラスに関する特許も多く見られ、まさに現在の光ファイバの製造方法に極めて類似した特許も1940年代には既に出願されている。1970年12月にコーニング社が発表した光ファイバはコーニング社独自技術のOVD（Outside Vapor Deposition）法または「外付け法」と呼ばれる方法で実現したものと言われている。コーニング社が初めて実用的な光ファイバを開発したのはなるべくしてなったと言える。ただし、伝統的なガラスメーカだったら世界には他にも数多くあっただろう。それらの会社にKaoが話を持ちかけたらどうなっていただろう。コーニング社のみが本気になって努力したのはやはりアメリカならではのパイオニア精神のなせる業だったのかも知れない。日本において当時はまだ石英ガラスは宝石のように高価なガラスであった。大学の研究室などでの用途やその他特殊な用途以外にはあまり使われていなかった。1970年頃に私も数cm角の石英ガラス板を研究のために購入したことがあるが、値段が1か月の給料分だったことを覚えている。日本においては石英ガラスを生産していたのは複数社あったが、コーニング社と比べるとあまり大きな会社ではなかった。日本で石英ガラスが半導体LSI製造装置用などで大量に使用されるようになるのは1970年代後半になってからのことである。

余談ではあるが、日本に石英ガラスファイバの概念が初めて認められるのは夏目漱石の『三四郎』だそうである。このことはUn-Chul Paek博士（元韓国光州科学技術研究所所長、ベル研究所Fellow）から聞いたことがある。以下それを引用すると、

「野々宮さん光線の圧力の試験はもう済みましたか」

（中略）

隣りに田村という小説家が坐っていた。この男が自分のインスピレーションは原稿の催促以外に何にもないと答えたので、大笑いになった。田村は、それから改たまって、野々宮さんに、光線に圧力があるものか、あれば、どうして試験するかと聞き出した。野々宮さんの答は面白かった。――

雲母か何かで、十六武蔵位の大きさの薄い円盤を作って、水晶の糸で釣して、真空の中に置いて、この円盤の面へ弧光燈の光を直角にあてると、この円盤が光に圧されて動く。と云うのである。

一座は耳を傾けて聞いていた。中にも三四郎は腹の中で、あの福神漬の缶のなかに、そんな装置がしてあるのだろうと、上京の際、望遠鏡で驚かされた昔を思い出した。

「君、水晶の糸があるのか」と小さな声で与次郎に聞いてみた。与次郎は頭を振っている。

「野々宮さん、水晶の糸がありますか」

「ええ、水晶の粉をね。酸水素吹管の焔で溶かして置いて、両方の手で、左右へ引っ張ると細い糸が出来るのです」[8]

水晶の粉を酸素・水素バーナで溶かせば石英ガラスになり、これを引っ張って細い糸にすればまさに光ファイバになる。

石英ガラスは砕いた水晶、つまり宝石を原料として作られるわけだから高価なものであることは間違いない。そのため日本では明治以降、石英ガラスをふんだんに使用する大きな産業がアメリカのようにはなかったわけである。

●日本は遅れてスタートした

1970年にコーニング社が20dB/kmの光ファイバを発表して以来、急速に光通信用の伝送媒体としての候補はガラス製の光ファイバに絞られてきた。NTT研究所においても、AT&Tのベル研究所マレーヒルにおいても、一気に光ファイバ用ガラスの製造方法の研究が始まった。そしてコーニング社発表の4年後の1974年には、ベル研究所からMCVD（Modified Chemical Vapor Deposition）法または「内付け法」[9]という新たな光ファイバ製造方法が発表された。その特性は1kmの長さの光ファイバを透過した光の63%が出力側に出てくるという驚異的な透明度を誇るものであった。さらにその3年後の1976年、NTTは国産自主技術であるVAD（Vapor-phase Axial Deposition）法または「軸付け法」を発明し、1977年東京で開催された光通信の国際会議IOOC'77において発表した。コーニング社に遅れること7年、ベル研究所に遅れること3年、Kaoの発表後11年が過ぎていた。だからこそ日本においては、この生まれたてのVAD法を何としても量産性に優れた国産技術に育てたいという強い意向が出てきていた。元もと光ファイバ通信は、アメリカにおいては核戦争時に銅線の通信よりも電磁的な被害を受けにくいという側面もあった。日本においては将来の通信の最も基本的な伝送路が外国製で良いのかという切実な問題があった。時代は高度成長期のまっただ中である。日本は加工貿易で成り立っていく道を歩んでいる以上、光ファイバが外国製であったり、または外国のライセンスで製造することは日本産業の本筋にも反する。たとえ遅れて始めても、諸外国に追いつき追い越さねばならない。

話がだいぶそれてしまったが、ここで話を元に戻そう。VAD

法が伊澤さんたちによって発明され最初のVAD法による光ファイバが実現できてから約半年後、1978年の2月に私はその量産化のためのミニプラント運営を命じられたのである。正確に言えば、彼の後任というわけでもなかった。職位的には彼は私よりも上の人であり職位として引き継いだのは彼と同格の稲垣伸夫氏であった。私は稲垣さんの部下であり、ミニプラント運営の現場の責任者でしかなかった。さらにこのミニプラントにおいては日本のケーブルメーカ3社の、古河電工、住友電工、フジクラ電線(現フジクラ)、と共同で開発するように計画されており、ミニプラントで生活をともにすることが予定されていた。

前にも書いたが、世間では研究と開発はほぼ同列に理解され認識されている。ところが、私たち研究者にとっては研究と開発にはかなり違う認識を抱いている。研究は自由、気まま、独創、オリジナリティー、名誉、世界で初めて、天才、偉人、などのキーワードのイメージがついてくる。開発はそうではない。目的が明確であるが故に自由でも気ままでもないし、独創性も必要であるが、無駄に独創性を発揮してはいけない。オリジナリティーは必ずしも必要としないし、世界で2番でも3番でも良いから事業になる成果を出さなければならない。もちろん名誉や天才、偉人とは無縁の世界である。当時私は30歳を過ぎたばかり。つまりミニプラントの現場責任者の命を受けることは、研究をやめてくれということを命じられたに等しかった。それまでの研究をやめて素直に開発に移行することに逡巡がなかったわけでもない。しかしそのような命を受けたのは半分以上自業自得でもあった。

●研究村

私は当時茨城県東海村にあるNTT（日本電信電話公社）の研究所の部品材料研究部に所属していた。NTTの研究所は1952年に逓信省電気試験所から分離されて電電公社の研究所として発足した。その後組織は拡張され、武蔵野電気通信研究所（武蔵野通研）と茨城県の茨城電気通信研究所（茨城通研）、それに神奈川県横須賀にある横須賀電気通信研究所（横須賀通研）の3研究所体制で運営されていた。後に厚木電気通信研究所（厚木通研）も創設された。武蔵野通研には研究所全体を統括する研究開発本部が置かれていて、その下には、当時の電話の要である電子交換機・ソフトウエア技術を開発する交換研究部、基礎研究部、などのいくつかの研究部があり規模も大きく、NTT研究所の本体のようなものであった。横須賀通研は1972年に発足した新しい研究所であり、伝送技術やFAXなどの通信機器を開発する研究部、ソフトウエアの研究部などがあった。茨城通研はその前身である武蔵野通研の支所として1960年に発足し、1971年に茨城通研に昇格した一番小さな研究所であった。そこでは主に通信で使用される部品、材料の研究や通信ケーブル材料の開発を担当する研究部があった。

武蔵野通研と横須賀通研はNTTの電話事業に直接的に関係した研究開発を行っていた。例えば電話交換機の開発などは電話サービスを手掛けているNTTの研究所以外では到底実施できないテーマであるし、他が自ら進んで実施するものでもなかった。NTTは膨大な開発予算を交換機や伝送装置をはじめこれらの研究開発につぎ込んだ。NTTは製造機能を有しない公社であったため主に基本的な設計を担当し、これら装置の詳細な設計や製造については国内の日本電気（NEC）、富士通、沖電気、日立製作所、東芝などとの共同開発または委託での開発・製造であった。所謂、電電ファミリーと呼ばれていた会社があった時代である。

一方、茨城通研の部品・材料の研究部は武蔵野や横須賀とは様子が全く異なっていた。部品・材料の研究開発はNTTがやらなくても国内にはそれをやる力がある優秀な会社がいくつも存在する。研究所人員にしても予算にしてもソニー、パナソニックなどとは比較のしようがないほどの規模だったであろう。だから常に茨城通研の研究者は、なぜNTTの研究者がこの研究をやる必要があるのかを問われていた。毎年度の研究予算の時期になると、君が開発しようとしている部品は外の会社から買ってくれば良いのではないか、としばしば上司から詰問されていた。そして実際他所の会社の方が既に一歩も二歩も先を進んでいることもあった。

世の中の部品材料の会社は、それを開発して製造し販売して収益を得る明快なビジネスモデルであり、開発製品が売れなければ死活問題にもなる。これに対して茨城通研の部品材料の場合、開発してもそれを製造して販売するわけではない。開発成果を他所の部品材料メーカに持っていき説明して技術的に納得してもらい、合意が得られれば製造・量産してもらうことになる。しかし事はそこで終わらない。茨城通研で開発した部品材料の成果を元にある民間の部品材料メーカが量産したとしても、その部品をNTTが買うわけではないのである。NTTは交換機や伝送装置は購入するが部品や材料は直接買わないのである。部品材料を買うのは、交換機や伝送装置を製造しているメーカ、つまり電電ファミリー、である。もっと言えばさらにその下請けや孫請けとも言ってよい会社である。その時に茨城通研で開発された部品材料の成果よりも、性能、品質、価格面で優れたものが他にあれば、当然そちらを購入することになる。従って茨城通研の研究者から見れば研究成果の行先ははるか遠くに霞んで見えないのが常であった。研究者のみでなく、研究マネージメントの部署からしても同じようないらだちやジレンマを抱いていたことだろうと想像する。

どこの人間社会にも大なり小なり存在する派閥または村社会が研究所内にもあった。私たちは、交換は交換村、伝送は伝送村、ケーブル関係は線路村と呼んでいた。村と呼ばれるには研究予算や研究員数、配下には電電ファミリーとの強いつながりがなければならなかった。茨城通研には通信ケーブル材料の研究をする研究部があったが、そこは部品材料とは別格で、村と呼ぶにふさわしい力を持っていた。当時の通信ケーブルは銅線であり、このため NTT 全体のバランスシートの資産に占めるケーブルの額は極めて大きかった。だから、むしろ線路研究部が最も大きな村だったかも知れない。同じ茨城通研の中でも部品材料の研究部は予算的にも規模的にも小さくファミリーも皆無であり、村とはとても言えない存在であった。このような研究所の状況において、部品材料の研究者は勢い基礎的な分野の研究テーマを選ぶ傾向があった。将来寄りの基礎的な研究であるために成果の大きさが明確でなく、そのために研究予算は多くは付けられなかった。ただし、研究成果は予算の過多のみではない。予算を取ってくるために費やす膨大な資料作りや労力を思うと、少ない予算でもある程度自由に、しかもくだらないと思える資料作りや雑用にかける時間を実際の研究にかけた方がましだという考え方もあった。私もそのうちの一人だった。

第二章　NTTにおける光ファイバ研究開始風景

●光ファイバ研究の開始

私は1969年にNTTに入社し、茨城通研で和久茂博士率いる研究室に配属になった。その研究室のメンバーおよそ14～15名は、和久室長の開発したBLコンデンサー（Boundary Layer Condenser、高周波特性に優れたセラミックコンデンサーの一種）の高性能化の研究をしていた。このコンデンサーは1969年当時では最先端のCS-36Mという海底同軸ケーブルの中継器に導入されたコンデンサーである。最先端と言っても現在の光通信の10万分の1程度の性能のものであったが、それでも当時の画期的なシステムであったことには変わりない。コンデンサーはこの伝送システムの高周波雑音除去に威力を発揮し、部品材料研究の中でも珍しく「NTTにとって直接役に立つ」オーソライズされた研究テーマであった。しかし、BLコンデンサーは極めて高い信頼度が要求される海底伝送の中継器に使用されているにもかかわらず、なぜ高周波特性が良いのかの機構については十分解明されていなかった。

私が配属になった時の直接の上司は村上敏明氏であったが、彼は、このコンデンサーの機構解明を行うことは信頼性確保の上で必須の事項であると称して、そのための研究予算を確保してきていた。そして他の研究メンバーが行っていた特性向上のテーマと切り離して新入社員の私にそれを研究テーマとして与えてくれたのである。ただ、彼の本当の目的はコンデンサーの機構解明ではなく、将来の光通信に備えた「何か」であった。通信周波数帯が

研究をしていた頃の筆者（1970年頃）

マイクロ波、ミリ波とどんどん高周波になってきている以上、次はさらに周波数が高い光通信になることは研究者の間では自明であった。ところが、当時光通信の研究として何をすべきかについてはNTT研究所内ではまだ明確な答えや方針は出ていなかった。それはベル研究所においてもほぼ同様であった。通信事業者はその分野の専門家であるが故にマイクロ波、ミリ波の実用化をしっかり固めることが先決事項であると強く信じ込んでいた面もあった。これは技術的なトレンドとしては当然であり、光通信はまだまだ先のことと見なされていた。今はそのための基礎的な研究をすべきだと考えていた。

上司の村上さんが準備してくれたのは、BLコンデンサーと同じ材料であるチタン酸バリウムの単結晶を作る装置とそれを解析するための電子スピン共鳴吸収という装置であった。BL コンデンサーはセラミックスであるため構造がランダムで複雑でありそれを使っての機構解明は適当でない。まずは規則正しく原子が並んだ単結晶を使って、現象をモデル化、単純化すべきである。そのためのサンプル製造装置であり解析装置であった。3 段論法、4 段論法的な研究テーマの苦しい位置づけであったが、私はたまたま大学で電子スピン共鳴吸収の手法で物性解明をしていた経験があったため、研究テーマとして異論のあるはずもなかった。サンプルの製造装置は 100kHz の高周波発振器を使用してイリジウムという貴金属でできたるつぼを 1,500℃程度に加熱してその中に投入したチタン酸バリウムの粉末原料を溶かし、液体状になった融液の表面に種棒を浸し、その先端に結晶を育成しながら徐々に上方に引き上げつつ成長させるものであった。この装置と結晶育成方法は、引き上げ法またはチョクラルスキー法（チョクラルスキーは人の名前）として広く知られているものであり、現在では半導体シリコンの結晶育成法としても大々的に使われている。この方法で出来上がった結晶の品質やサイズは、技術的知識と同時に職人芸的な要素も多分に影響される微妙な技術であり、大変興味深いものであった。当時チョクラルスキー法での結晶育成は、武蔵野通研で酸化テルルやニオブ酸リチウム単結晶育成にも使用され、将来の光通信用の結晶として期待されていた。

　結局私の研究はどちらかといえば大学でやるような基礎的なものであり、実用化を主目的とした NTT の研究所としては特殊だったかも知れない。私は、約 2 年間は機構解明とも光通信ともつかない学術的な研究を続け、村上さんと共著で 3 件の論文をアメリカの学会誌に出すことができた。

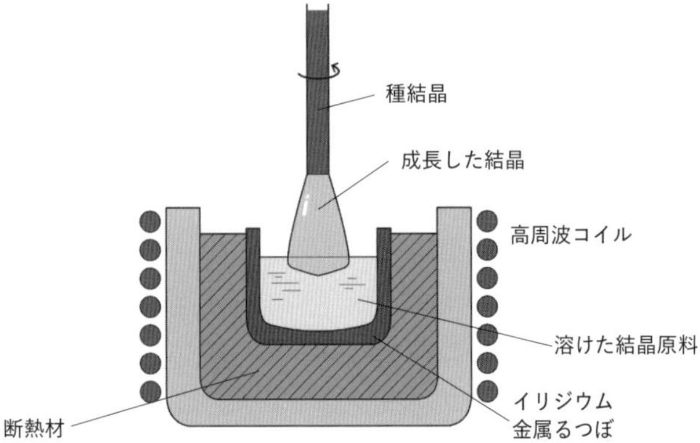

単結晶の引き上げ法（チョクラルスキー法）概念図

1970年4月、私と村上さんの間に位置する立場で上田昭平氏が入社してきた。研究室長は川島敏氏に代わっていた。上田さんはドクターコースを出ていたため私よりも年上であり職制は私の直接の上司になった。同年にコーニング社から20dB/kmの光ファイバが発表されており、光通信がにわかに夢物語から現実のものになろうとしていた時期である。段々と将来の光通信に備えて漠然と基礎的な勉強をしている時ではなくなってきていた。だが、にもかかわらず、具体的には何をやるかが問題であり、誰もがやるべきテーマを決めかねていた。もちろん自分でテーマを決めればその研究を開始できるほど生やさしいものではなく、そのテーマが光通信にとっていかに重要で不可欠であるかから始まって、そのテーマを遂行できるだけの基盤的な技術を持っているか、世界的に評価してどのようになるのか、競争に勝つ方法とその時期、同じNTT研究所内での重複テーマはないかなどあらゆる角度からの検討と説明が必要であった。そうでなければとても研究予算は下りてこなかった。

1971 年の頃であったと思うが、コーニング社から 20dB/km の光ファイバ実現の発表があった直後、豊田博夫統括部長（当時）が、私たち研究員の目の前にドサリと 20 ～ 30 件の光ファイバに関する論文コピーを置いていった。私たちはそれが意味すること、その重大さを未だ完全には理解できていなかったが、その時が茨城通研で光ファイバの研究を開始する最初のトリガーになったと言える。その後茨城通研では多成分ガラス（複数の成分の化合物を混ぜ合わせて作るガラス、望遠鏡やカメラレンズなどの光学ガラスもその一種）を主体に光ファイバの研究を進めることになり、それまで BL コンデンサーの性能向上などセラミックスの研究をしていたメンバーの大部分の人たちが、急いで光ファイバの研究に移行していった。メンバーは枡野邦夫氏をリーダーとして、宮下忠氏、枝広隆夫氏、高橋志郎氏、堀口正治氏、塙文明氏、安光保氏が光ファイバ製造技術の研究を始めることになった。研究の具体的ターゲットは、欧米の特許などにしばられることなく経済的に光ファイバを製造することを可能とする、国産自主技術の開発であった。メンバーの全員は、光ファイバはもとよりガラスそのものについても素人であったが、高橋さんだけは大学で無機化学を専攻していて開始時のバリアーは低かったかも知れない。ただ、石英ガラスに関しては当時は高価な材料であり、あまり使用した経験もなじみもなかった。しかも既にコーニング社が特許で押さえている材料でもあり、将来量産が可能な材料や技術を想定すると、光学ガラスや窓ガラスと同じカテゴリーに属する多成分ガラスを選定するのが合理的で適切であると考えられた。

●レーザ用結晶の研究開始

直属の上司であった上田さんと私、それに岡崎久晃氏は同じ枡野さん配下のメンバーに組み入れられたが、テーマは光通信用の光源の方であった。既にベル研究所では林巖雄氏たちによって光通信用の光源として半導体レーザの室温連続発振が成功していた。しかし、人によってその評価は異なるが、実用化は未だ先のことと考える人も多くいた。一方、1964年にはベル研究所によってネオジウムを微量に混入させたYAG結晶（人造ガーネット結晶の一種）を使用した実用的なレーザが開発されていた。YAGレーザは個体レーザの中でも原理的に非常に高効率であり、室温でも連続的にレーザ光線が得られ、既に日本においてもNECなどで盛んに開発と試作品の販売が行われていた。もしもこのような個体レーザをもっと小型化でき効率も上げることができれば、光通信の光源として使えるのではないかと思われた。世界的にもそのような観点で研究を行っている研究者集団が多く存在した。また半導体レーザに関しては、NTT武蔵野通研において本格的に研究開発を開始したことに加えて、我々3名のバックグラウンドや予想されるリソースから考えても、その開発を行う合理的な理由は見出せなかった。このような状況の中、光源に組み入れられたメンバーのテーマは酸化物単結晶に限定した光通信用レーザの研究であった。

具体的には小型高効率の個体レーザの研究であり、この研究のカギを握るのは単結晶の育成技術と結晶中に混入させる元素の量と種類を適切に選定すること、YAGに変わる他の成分の単結晶の探索などであった。幸いYAG単結晶の育成には、コンデンサーの機構解明に使用した高周波の単結晶育成炉をそのまま使うことができ、結晶の評価やレーザ発振の光学設備などは自分たちで組み立てることができた。茨城通研ではこのような体制でようやく夢の光通信への実現に向けて、光ファイバと光源の研究を目的とした第一歩を踏み出した。

●始めてはみたものの

ところが、実際に研究を開始してみると、いかに目標が遠くにあるのかをすぐに思い知らされた。むしろ到達はできないのではないかと思えるほどであった。これは光ファイバに関しても、個体レーザに関しても同じであった。レーザについて言えば、良好な単結晶はできるようになった、ネオジウムの最適な混入量もわかってきた、レーザ発振もでき一応のレベルには達した。しかしそこから一歩進めて光通信に使える実用的な光源にするにはどうすれば良いのか。ネオジウムの濃度を上げてもそれ以上は効果がなくむしろ効率が悪くなった。その他、ネオジウムと一緒に光の励起効率を活性化させるための別の元素を混入させる、リン酸を含む別の結晶育成を試みる、ネオジウムとは別の発光用の希土類元素を混入させた結晶を育成する、YAGとは別の組成の結晶を育成する、など、多くの可能性を試みた。そしてそれらのほとんどすべては失敗した。あるものは多少の効率アップや小型化の可能性を示唆したものの、とてもブレークスルーといえるような成果ではなかった。私は上田さんと悶々とした日々を過ごしていた。

多成分系の光ファイバのグループも光の透過率が下がらずに苦労をしていた。光の透過率を良くするためにはガラス中の不純物をできるだけ除くことが必須である。特に、鉄、銅、ニッケル、コバルトなどの金属元素を除去することが重要であるとわかって

引き上げ法による単結晶（写真提供：上田昭平氏）

いた。光ファイバのグループが最初に行ったのは、各不純物元素の含有量と光透過率との関係を定量化することであった。その結果、コーニング社の光ファイバと同程度の光透過率を達成するには多くの不純物元素混入量を 1ppm（百万分の 1）以下にしなければならないことが実験的に確認された。このため、光ファイバ用ガラスを製造するための最初の原料そのものに含まれる不純物量が 1ppm 以下の超高純度のものを使用する必要がある。このような超高純度原料は当時国内で入手することは困難であったため、イギリスのジョンソン・マッセイ社からの輸入品に頼らざるを得なかった。このことは多成分ガラスならば石英ガラスよりも経済化が可能で、国産化可能であるとの予想とは矛盾する。ただ、将来的にはガラス原料の高純度化技術も開発することによって、いずれ国内生産も可能になるだろうとの目論見のもとに研究を進めることで、グループ全体の意識は合わせられていた。研究室では月に 1 回、月例報告会があり、研究室の全員が各自 1 か月間に行った研究内容を皆の目で発表し討論する場があった。私も毎回その会議に出席していたため、当時の光ファイバ研究がどのような状況であったのかを詳細に知ることができ、今もそれを記憶している。

●やはりコーニング社を参考にして

時期を同じくして、武蔵野通研の基礎研究部第3研究室でも光ファイバ製造技術の研究が開始されていた。後にVAD法を開発することになる伊澤さんを中心としたメンバーであり、ここでは多成分ガラスではなくコーニング社と同じく石英ガラスの光ファイバを開発しようとしていた。この光ファイバの元になる原料は多成分ガラスの場合のように粉状の酸化物ガラス原料でなく、液体状態での原料であった。正確には液体状態のシリコンと塩素の化合物、それに室温では粉末状のアルミニウムと塩素の化合物であった。これらの原料を加熱すれば丁度水が加熱して湯気が立ち上るように、ガラスの原料が気体状態になって原料供給パイプに導入される。この時点で気体状態の原料を酸素と水素を混合させた2,000℃以上のバーナの火炎中に導入させれば、シリコンとアルミニウムは塩素から分離して酸素と結合しアルミニウムを含んだ液滴状態の石英ガラスになるのである。鉄や銅などの不純物元素は気体になる時に容器中に残されてしまうので、多成分ガラスの場合のように超高純度の原料を使う必要がなく、比較的容易に不純物を含まないガラスを得ることができる。これは水を蒸発させて蒸留水を作る原理に似ている。基礎研究部の彼らは、この石英ガラスを回転させている種棒の先端に堆積させ、徐々に種棒を引き下げロッド状の光ファイバ用石英ガラスを成長させた。石英ガラスはシリコンと酸素を結合させれば製造可能であるが、光

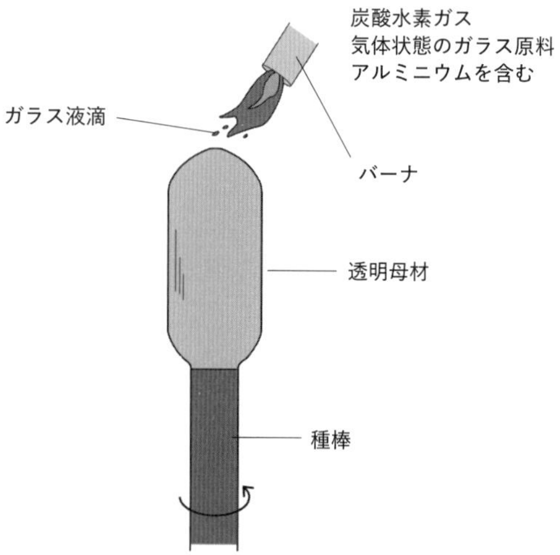

アルミニウム添加母材製造概念図

ファイバ用には中心部のコアに少しだけ別の元素を加えなければならない。これによってコア部の屈折率が、例えば1%だけ周辺部の純粋な酸化シリコンに比べて高くなり、光が遠くまで透過するようになる。このためにアルミニウムを加えたのである。なぜアルミニウムかといえば、コーニング社が使用したゲルマニウム元素を混入させようとしてもバーナの温度が高すぎるため、ゲルマニウム元素が蒸発してしまい、石英ガラスになった時にはゲルマニウムはほとんど含まれないからであった。ではなぜコーニング社ではそれが可能だったのであろうか。伊澤さんたちの方法では、バーナ中に送られた気体原料はそこで一気にガラスの透明な液滴になり、種棒の上に堆積していった。コーニング社はバーナの温度を下げて気体原料を一気に透明なガラスにするのではなく、一旦いわばガラスの粉の塊を作り、それを次の工程で透明にしていたのである。ガラスの粉を作るための温度は 1,000℃以下で低いため、ゲルマニウム元素の蒸発は抑えられ、ガラスの粉の中に結合して残るのである。

彼らは、得られた透明なアルミニウムを含む石英ガラスロッドをさらに酸素・水素バーナなどを使用して局部的に加熱し、細い糸状の光ファイバに加工していた。石英ガラスの光ファイバの場合、不純物含有量は多成分ガラスに比べて圧倒的に少なく、ガラス原料を超高純度化することなく良好な光透過率特性を持つ光ファイバが得られる。この軸方向に光ファイバ用石英ガラスを成長させる技術は、後に VAD 法発明の核心になったものと推察される。

コーニング社の光ファイバ母材製造方法は心棒の外側に光ファイバ母材を形成するため「外付け法」と呼ばれ、ベル研究所の方法は石英管の内側にガラスを合成するので「内付け法」と呼ばれ、NTT の方法は軸方向に光ファイバ母材を形成するので「軸付け法」と呼ばれるのである。

茨城通研で光ファイバ製造技術の研究が開始されて 2 年が経過しようとしていた。多成分ガラスを材料とした光ファイバは、ポテンシャルとしては大量生産、経済化、コーニング特許・技術に依存しない製造方法として原理的には優れていると思われるが、研究開発を進めるに従って、光透過率の点で実用的な光ファイバを得ることは想像以上に困難であると感じられてきた。さらに、武蔵野通研での石英ガラス製光ファイバの研究状況も踏まえて、研究所幹部からの茨城通研に対するプレッシャーも日増しに強くなってきていた。このため茨城通研のグループでは石英ガラスにも手を広げざるを得ない状況になった。武蔵野通研、茨城通研を問わず当時の国内での電気通信に関連した研究所でガラス材料に詳しい組織はまれであったし、ましてやまだ宝石のようなイメージでしかとらえられていなかった石英ガラスについての知識は乏しいのが実情であった。

茨城通研で石英ガラスの光ファイバを始めるに際して選んだのは、コマツ電子金属株式会社との共同研究であった。小松電子金属はシリコン半導体産業の初期の頃から多結晶シリコン、単結晶シリコンの製造を手掛けてきた企業である。このシリコンの結晶を作る際に用いるのがモノシランという原料であった。モノシランはシリコンと水素との化合物であるため、これを高温で燃やすとシリコンと酸素が結合して石英ガラスの液滴になる。この液滴は非常に高純度であり、これを回転する種棒の上に堆積させればロッド状の石英ガラスが得られる。茨城通研がコマツ電子金属との共同研究を開始したのは1973年頃であった。それから数か月後、茨城通研メンバーとしては初めて自分たちの考えを元にして出来上がった石英ガラスロッドを実現した。これによって、今後も光ファイバ研究を継続していくための強い力になるものと感じられた。ただ、この石英ガラスロッドには一つだけ重大な問題があった。それは純粋な石英ガラスのみであり、その中には光ファイバのコアとして作用するためのいかなる元素も含有されていなかったことである。光ファイバは芯となるコアとそれを包むクラッドを含む構造をしていなくてはならず、それによって光は反射を繰り返しながら遠くまで伝搬される。コーニング社や武蔵野通研で行われていたのは純粋な石英ガラスではなく、コア部に何らかの元素を含有させた石英ガラスであった。

コア部が純粋に石英ガラスのみでできている以上、クラッド部に何らかの元素を入れる方法しか残されていなかった。それは1970年にコーニング社も試みたようにクラッドの石英ガラスにボロンを含ませる方法である。一般に石英ガラスにシリコン以外の元素を含ませるとその屈折率は大きくなるが、その例外としてボロンとフッ素だけは屈折率を小さくすることがわかっていた。茨城通研2号棟2階の実験室で、宮下さんは純粋な石英ガラスロッドの周辺にボロンを混ぜた高純度の粉状の酸化シリコンをまぶして酸素・水素バーナであぶり、ロッドの周囲に薄い皮膜を形成させていた。私は自分の研究テーマではなかったので横で見ていただけであったが、それはまるで小麦粉をまぶしているようにも見えた。超高純度の酸化シリコン粉末は多成分ガラスの製造用に手元に多くあったし、光線は大部分コア部を透過するためクラッド部に少しばかり不純物が含まれていたとしても光ファイバとしての透過率に悪影響を及ぼすことは少ないものと考えられた。彼らはこのようにして得た光ファイバ用の石英ガラスをさらに内径の大きな石英管の中に挿入して一部を固定した後、線引きして光ファイバに加工した。このようにしてできたのがコア偏心型光ファイバ（ECOF）であった。これは茨城通研で胸を張って放つことができる初めての成果であった。あれほど多成分ガラスで苦しんでいた光透過率も石英ガラスにすることにより一気に低損失になり、アメリカの論文専門誌に発表することができた。これによりしばらくはNTT幹部からのプレッシャーを防御して研究を継続することができるはずであった。ただ、このECOF光ファイバの問題点を一番よく知っていたのは当の研究者たちであった。第一に、このようにコアが管の中で偏心している光ファイバでは接続することができない。電気の配線は二本の銅線を接触させれば電流は導通して流れるが、光の場合はそうはいかない。正確に、それも千分の1mm単位でコアとコアの位置を一致して合わせなければ一方の光ファイバから他方の光ファイバに光を伝えることはできない。このことを考えるとECOFがとても実用的な光ファイバにはなりそうにないことは容易に想像できた。第二に、この光ファイバは曲げなどの外乱によって光の透過率が大幅に変動することである。さらにボロンは湿気に弱く将来の信頼性の観点からも問題はあった。線引きして実験室にそのまま置いていた光ファイバが、数日後にボロボロに切れてしまったのを見た記憶がある。そのような課題を含みながらも茨城通研では石英ガラスの研究に踏み切り、世間的には一定の成果を出すことができたのである。

●研究生活の寄り道

光ファイバの研究が武蔵野通研と茨城通研で行われて一定の成果が出始めた頃、私が担当していた光通信用光源としての個体レーザの研究ははかばかしい進展はしていなかった。さらにベル研究所で実現された室温連続発振の半導体レーザは予想よりも早いテンポで実用性が高まりつつあった。NTTにおいても武蔵野通研で精力的に研究が行われ高信頼な半導体レーザが実現していた。そして光通信用光源の本命は半導体レーザであるという大方の見立てになってきた。半導体レーザの連続発振からわずか2～3年しか経っていない時期である。

トランジスタが実現してガラス管製の真空管が固体の部品に変貌した。さらにそれは多数のトランジスタを一枚のウエハに作り付けた集積回路へと進化していった。それとの対比で考えると、

YAGレーザはまさに真空管のカテゴリーであった。これを高効率化しても小型化しても所詮は個別部品でありミニチュア真空管でしかなかった。YAGレーザは今日でもレーザ溶接加工機、計測用、医療・歯科用、美容など多方面で活用されているレーザではあるが、光通信用としての候補からはこの時点で既に外されようとしていた。研究リーダーであった上田さんは、博士課程を経てNTTに入社した技術と技能を併せ持った優れた研究者であった。光通信用としての個体レーザの研究存続が怪しくなってきつつあった頃、どこで情報を入手したのか不明であったが、彼のもとには他企業からの勧誘が多くあった。そのうちの1社が愛知県の株式会社山寿セラミックスであった。当時山寿セラミックスは結婚式の引き出物用のお皿などを販売していた。YAG結晶は非常に硬い結晶であり屈折率が大きいためブリリアントカットして研磨すればまさにダイヤモンドに近い宝石にもなった。所謂人造ダイヤモンドである。実際に当時私たちが育成していたネオジウム、ユーロピウム、セリウム、クロムなどの各種元素を混入させたYAG単結晶は極めて美しく、見るからに宝石のようであった。ネオジウムは紫色、ユーロピウムは薄い青色で紫外線をあてるとオレンジ色の蛍光を明るく発し、セリウムは黄色、クロムはあざやかなエメラルド色をしていた。このため山寿セラミックスではYAG結晶を製造できる高度な技術を持った上田さんに近づいてきたものと想像された。さらに山寿セラミックスでは、YAG結晶を人造の宝石として販売することのみに興味を持っているわけではなかった。将来的には電子部品や光通信にも応用可能な何らかの先端部品の製造販売事業に進出することを考えていた。

1974年の冬、上田さんは私の家を訪ねてきた。私たちは茨城県水戸市にあったNTTの同じ社宅に住んでいた。私は九州から呼び寄せた母親と二人暮らしだった。上田さんは研究の話題だけでなく、小説、映画、音楽、競馬などについても話が合う研究所では数少ない人だった。私が九州の炭鉱町の出身ということもあって、炭鉱作家の上野英信についても話題になった。音楽はクラシックからジャズ、演歌まで、やくざ映画やジャンヌ・モローと話は尽きなかった。しかしその夜は違った。上田さんはNTTの研究所を辞めて愛知県の山寿セラミックスに行くとの決心を私に伝えに来たのだった。私は、状況は理解していたが、リスクを減らすため、一応山寿セラミックスの経営状態を調べてからの方が良いのではないかとだけ忠告した。幸い私の義理の兄が大阪で興信所に勤めていたので、そこに頼んで調査してもらうことにした。結果は、同族会社であるが、経営的には問題ないとの評価であった。上田さんはNTT在籍5年未満で退職し愛知県に行ってしまった。しかし、人と人との縁とは不思議なものである。その後上田さんとは人生のいくつかの局面で再三出会うことになるし、それから50年後の今も連絡することがある。

このようなことがあって、しかも光通信用光源が半導体レーザに固まりつつある状況で、私は結局光ファイバのグループの方に編入になった。リーダーは既に最初から光ファイバの研究リーダーをしていた枡野さんであった。折から、茨城通研の光ファイバグループが石英ガラス材料を手掛けていた頃であり、私はその石英ガラスを光ファイバにする技術の開発を担当することになった。光ファイバの製造工程は主に2つの工程から構成されている。最初は光ファイバの元になる母材を作製する工程である。石英ガラスの場合OVD法、MCVD法、VAD法などがこれに含まれる。

当時のこの母材は通常、直径が 1 ～ 2cm、長さが 10 ～ 20cm のガラス棒の形状をしていた。このガラス棒状の母材を局部的に 2,000℃以上の温度で加熱し延伸して、直径 0.1~0.15mm の細いガラスの繊維にする工程を光ファイバの線引きと呼んでいる。丁度 YAG 結晶を育成するのに使用していた高周波炉のヒータがイリジウムであったため 2,000℃以上の高温加熱が可能であり、当時これを改造して石英ガラスの線引き装置にしていた。イリジウムヒータで加熱されて出てきた直径 0.1mm 程度の光ファイバを直径 1m もある金属のアルミニウムでできたボビンに直接巻き付けていく原始的な装置であった。巻き取り機構は当時東京の荻窪桃井町で銅線ケーブルの巻取装置等を手掛けていた吉田工業株式会社が設計し製造した。茨城通研ではそういうカルチャーなのか、個人プレー的な研究の進め方の部分は少なく、複数の研究者が一緒になってグループ的に行動していた。この時の線引き装置に関しては枝廣さん、宮下さんなど何人かの人と共同で研究を行うことが多く、私はその中の一員として働いていたに過ぎない。

さらに私は光ファイバ研究のメンバーになっていると言っても実のところそれは形式的なことであり、あまり研究には身が入っていなかった。当時研究所にもまだ労働組合なるものが存在した。その組合の上部組織は全電通組合である。研究所には武蔵野通研内に全電通通研支部があり、その下に茨城分会が存在した。その組合の役員は若い研究者が入社年次順に 1 年交代で選挙によって選ばれ活動していた。1973 年には私と NTT 同期入社の人が分会長に選ばれていたので、私たちにはもう順番が回ってこないものと安心していた。研究するために研究所にいる以上、誰も組合の役員を進んで引き受ける人はいなかった。しかし不運なことに、なぜかその年に限って理由はわからないが再度私たちの年次から分会長を出すことになったのである。光ファイバの研究室では私と高橋さんが同期の候補として該当した。私は九州炭鉱の「川筋育ち」で、全くの口下手で論が立つ方ではなかった。「川筋育ち」とは、福岡県の筑豊炭田地帯を流れる遠賀川やその支流の彦山川の沿岸に発展した町で育った人たちのことをいう。気性が荒く、喧嘩早く、男気があるのが特徴であった。なにしろ「川筋男は口より先に手が出る」と言われたほどである。私は、五木寛之氏の小説『青春の門』筑豊編の舞台である田川市伊田の生まれである。それにもかかわらず私はその川筋生まれの川筋育ちということだけで、実際のところの中身は、喧嘩は弱くて手も出せず、口も下手で良いところは一つもなかった。学生時代もノンポリであった。当時の研究所幹部の一人に同郷の松前一義氏がいた。彼は私のそのような状態を心配してくれていたかも知れない。労働組合の分会長に対する適格性から言えば私は全く不適格だったと思う。同期の高橋さんは東京生まれの東京育ちで早稲田マン、まさに分会長には適格に思えた。ただ彼は多成分ガラス光ファイバ研究の中心人物になっていた。分会長の任期は1年間であるため、その間は研究に費やす精力は何かと削られ、ただでさえ石英ガラス光ファイバに比較されて風当たりが強くなっている多成分ガラスの研究をなげうって、組合に力を入れるには無理があった。分会長選挙が近づくにつれて周りから2人のどちらかが立候補するか決めなければならない状況になってきた。当時は上田さんが会社を辞職したことに影響されて、私は研究テーマの存続も含めて行き詰った時期でもあったため、結局、どちらかといえば流されてノーと言えずに分会長への立候補を受け入れた。

1974年の秋に全電通通研支部、茨城分会の組合員約200名による選挙が行われ私は当選した。組合役員として、書記長、調交部長、教宣部長、などのスタッフも揃えて10月から活動を開始した。当時の組合の仕事は基本的には昼休みや勤務時間外に行うため、夜は遅くまでものすごく忙しかった。正式には仕事ではなく作業みたいなものであった。ガリ版刷りの新聞を毎月発行することに加えて、詳細な年間スケジュールが通研支部から達しがあり、それに従って日々の作業をこなしていくようなものであった。研究環境の改善に関する組合活動の方はまだ身近な問題で親しみやすく自分の考えで進めることができた。会社側との交渉も成果が出やすかったし、多くの若手研究者の研究環境改善に役に立っているかも知れないと、少しは組合をやっている意義も感じていた。時々、武蔵野通研、横須賀通研の分会の役員たちとの合同会議が催されたが、交換や伝送、ソフト系の分会長や役員はまさに弁舌さわやか、理路整然で格好良く、何人かとは友人関係にもなってそれなりに楽しい時もあった。

私が組合活動を始めてようやく定常状態に落ち着き始めた頃、母校の九州大学理学部の大学院修士課程時代の指導教官であった福田健二先生から連絡があった。以前研究をしていたチタン酸バリウムに関する発表論文3件を福田先生に送っていたのであるが、それらをまとめて博士論文にしたらどうかという内容であった。福田先生は国家公務員であるため年齢的にあと数年で定年退職になる、もしも君が学位を取る気があれば自分が在籍している間に提出したらどうですかという大変有難い話であった。私は組合をしながらでは実験のためのまとまった時間が取れない状態であり、研究に関してはこの先どうなるかもわからない時期でもあったので、その誘いにはすぐに返事をして準備にかかった。組合の部屋は2坪ほどの非常に狭い部屋ではあったが、そこは隔離された部屋であり、組合の新聞原稿を作っているようなふりをして夜遅くまで学位論文の準備をすることも可能であり、私にとっては思いもかけず好都合なことであった。

●ベル研究所の研究員との出会い

1974年は研究に対してこのように足元がふらふらしていた時期であったが、一つだけ強く印象に残る出来事があった。それはこの年に京都で開かれた「国際ガラス会議」に参加していたアメリカ・ベル研究所のJohn B. MacChesney氏他3名が茨城通研を訪れたことである。よく晴れた夏の日であった。私は、宮下さん、枝廣さん、高橋さんとともに2号棟2階の205Aの会議室に呼ばれた。そこにはベル研究所のファイバ開発者の面々が、入り口に近いところに置いていた黒板を背にして座っていた。私たちは強い日差しが差し込む窓側の席に座った。彼らはベル研究所で開発した光ファイバの新しい製造方法を京都の学会で発表し、その帰りに茨城通研に立ち寄り、ＮＴＴの研究者と議論しようということであった。彼らの開発した新しい製造方法はMCVD法と名付けられ、既に光の損失（透過率）が2dB/kmを切るほどであった（光透過率63%/km）。これはコーニング社の20dB/km（光透過率1%/km）に比べて驚異的な透明度であった。茨城通研の光ファイバにはまだそれほど誇れる研究成果がなく、この会議は特に彼らから教えてもらう一方になった。

ここでベル研究所のMCVD法「内付け法」について概略を説明しておく。MCVD法とはベル研究所マレーヒルのガラスセラ

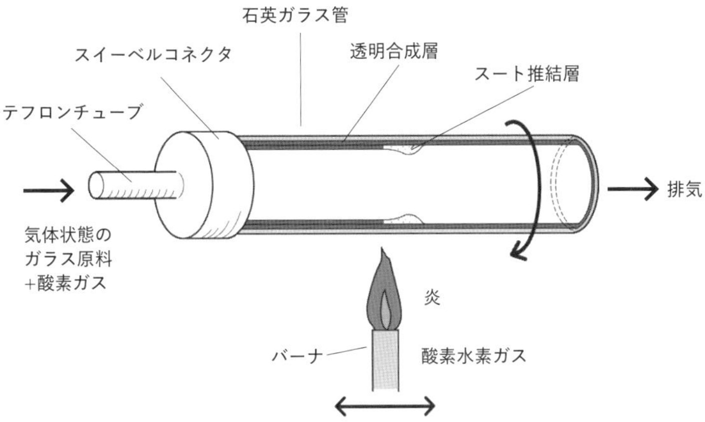

ベル研究所のMCVD法（内付け法）

ミックスのグループが発明し開発した光ファイバの製造方法である。この方法はコーニング社の方法とは異なる方法であり、比較的誰でも容易に高性能の光ファイバを製造することができる優れた方法である。原理は簡単で、光ファイバ母材の元になる液体状態の四塩化シリコンと四塩化ゲルマニウムをガラス製容器に入れて少し加熱する。これら原料は常温では液体であるが加熱されると水が蒸発するのと同じ原理で蒸気になって気体として容器から排出されてくる。ここまではコーニング社の方法と同じである。この原料を酸素と一緒に回転する石英ガラス管の中に送り込み、石英管の外側から、酸素・水素バーナで加熱する。石英ガラス管の中で四塩化シリコンと四塩化ゲルマニウムは酸化されてゲルマニウムを含む石英ガラスになり石英管の内側に堆積する。バーナを水平方向に端から端まで一度送れば石英管の内側に薄いガラスの膜ができる。これを100回以上繰り返せば厚さ数mmのガラス膜が石英ガラス管の内側に形成される。最後にバーナで石英ガラス管を強熱すれば、ガラス管の穴がつぶれて（Collapse）光ファイバ用母材が得られる。石英ガラス管の内側にガラス膜を合成するので「内付け法」と呼ばれる。

私たちが特に興味を持ったのはMCVD法に使用する装置であった。その中でもまず英単語の発音がよく聞き取れずにその意味や概念が浮かんでこなかった言葉が2つあった。一つはガラス旋盤である。これは機械加工で使用する旋盤（Lathe）に似た装置でありガラス加工屋さんなら常識的に知っているし既に広く使用されているものであった。しかし我々は全員ガラス加工には素人でありガラス旋盤が光ファイバ母材の製造に深くかかわるとは思いもよらなかった。もう一つはスイーベルコネクタ（Swivel Connector）であった。これは回転する石英ガラス管の中に外気を遮断しながら光ファイバの原料となるガスを送り込むコネクタである。回転接手とも呼ばれる。MacChesney氏は黒板にスイーベルコネクタの図まで書いてその内部の構造まで説明してくれた。彼は1929年生まれ、私たちNTT茨城通研で出席している4名は全員1943年生まれであり14歳も彼の方が年上である。さらに彼は、1951年の朝鮮戦争に従軍した後にベル研究所に入社した人生経験をも持つ人である。まるですべてにおいて先生と生徒のような関係であった。今から思うと、少なくとも彼の目に我々はそのように映ったのではないだろうか。彼はベル研究所入社後しばらくの間セラミックスの研究を行っていたが、1970年のコーニング社の20dBの光ファイバの発表があってから光ファイバ研究グループに配属されていた。私たちにもセラミックスや結晶

ガラス旋盤（写真提供：有限会社タツミ理化）

の知識はあったので、彼の話は全く新しい内容ではあったが十分に理解し納得できるものであった。そしてMCVD法で驚くほどに低損失な光ファイバが実現できるのならば、茨城通研でも2番煎じながらも追試しておく必要があることを痛感した。

茨城通研光ファイバグループの枡野さんの決断と行動は早かった。彼は武蔵野通研から転勤してきた人であったため、武蔵野通研のことはよく知っており、どこにどのような設備があるか、どの人がいるかなどの情報については詳しかった。枡野さんが探し当てたのは武蔵野通研工務部に現在はもう使用していないガラス旋盤なるものがあることであった。工務部とは研究開発の円滑な推進を支えるために、機械旋盤やボール盤など多くの機械加工器具を備え、研究者が研究をするためのジグなどを特注で内製してくれる貴重な存在の組織であった。枡野さんも研究者として工務部に出入りした経験があったのだろうか。このため武蔵野通研にガラス細工を行うための旋盤があることを知り、すぐにそれを茨城通研に持ってくることに成功した。1974年後半から1975年にかけて、茨城通研では光ファイバの研究開発のためにクリーンルームを整備していたが、武蔵野から運び入れたリットン社製のガラス旋盤はその真新しいクリーンルームに設置された。クリーンルームには石英ガラスの光ファイバが製造可能なようにするため、水素ガス、酸素ガス、アルゴンガス、窒素ガスなどのガス配管系が整えられ、排ガス処理のためのスクラバー装置やガラス旋盤のバーナから出る熱を外部に逃がすための排気系なども設置された。2号棟2階には多成分ガラスの研究をするためにさらに高いクリーン度を保持するクリーンルームも設けられ、それらに併設して光ファイバの特性を評価する部屋なども整備された。そして高橋さんが多成分ガラスの光ファイバ開発のリーダーとなって研究を継続した。光ファイバの特性評価は後に光ファイバ研究のエポックメイキングとなる長波長帯の開拓をした堀口さんが担当した。

余談であるが私と宮下さんは土曜日の午後、その2階の206Bの実験室に設置する装置の設置場所を変更するため重い装置を自分たちの手で移動させていた。ガラス旋盤の重量は、300kgをはるかに超えており、私たちひ弱な研究者では移動することは無理な相談ではあった。しかし私たちは早く研究を開始したかったため、無理を承知で力任せにガラス旋盤を移動させた。7～8mは移動させたと記憶している。そのため私は力を入れすぎて鼠径ヘルニアになってしまった。このことがあったために当日の記憶は何十年経っても薄れることはなく鮮明に残っている。この鼠径ヘルニアはその後何とか長らく持ちこたえたが、結局30年後に手術して完治した。

このガラス旋盤を使用してのベル研究所開発のMCVD法の追試研究は、枝廣さんがリーダーとなって進めることになった。スイーベルコネクタはベル研究所からの話を聞いてすぐに枝廣さんが手配した。手配といっても市販されているものはなく、近くのテフロン加工会社に見様見真似で作ってもらった。

●研究室はさながらカンブリア紀の様相

1974年の年が明けてしばらくした後、武蔵野通研基礎研究部から伊澤さんの配下であった川名明夫氏、小林壮一氏の2名が茨城通研の光ファイバグループに転勤してきていた。それは、光ファイバの研究は武蔵野通研から茨城通研に統合され、武蔵野通研は光ファイバを使用した光伝送の基礎研究に特化するという方針のもとに行われた。このため光ファイバの製造技術の研究を行っていた川名さんと小林さんは茨城に転勤になったのである。その1年後、1975年の5月になって伊澤さんが茨城通研に転勤してきた。彼はその1年前からアメリカのカリフォルニア工科大学に留学していたのであるが、それを終えて帰国しそのまま茨城通研に赴任してきたことになる。そして私の直接の上司になった。彼は、以前私の直接の上司であったがその後退職し、愛知県の山寿セラミックスに行った上田さんと同期の、ドクターコース出の人であった。これでいよいよ茨城通研においては光ファイバの本格的な研究段階に入った。伊澤さんが茨城通研に配属になって最初にした仕事は光ファイバの研究予算の獲得だったと本人から聞いている。彼が着任した時の研究予算は500万円であった。これでは世界に伍しての研究を進めることができず、彼は直接研究開発本部に掛け合って2億円もの、当時としては考えられないくらいの高額な研究費を調達してきた。この研究費のおかげで光ファイバの研究に必要な材料がふんだんに使用できるようになり、さらに後に述べる2号棟や7号棟のクリーンルームとその中の装置などが整備されたのである。

特に、この頃茨城通研では、多くの研究者が考えられ得る限りの多種多様なアイデアを出して、光ファイバ母材製造技術の研究に取り組んでいた。アイデアが浮かんでも実際にやってみないことにはそれが良いのか悪いのかわからない世界である。アメリカの技術の追試や改良も含めて今から考えると多種多様な方法を試していた。さらに、それを実行するに際しては組織的ではなく、自分の専門的な分野も気にせずに銘々、ある時はお互い重複し、ある時はテーマを交換し、無我夢中で実験をしていた。今から数億年前に地球上にはカンブリア紀と命名された古生代があった。その時期、今からは全く考えられないほどの奇妙な多種多様な生物が爆発的に出現した。そしてその多くは消えていった。残ったものの一部が進化を遂げたとされている。飛躍しすぎかも知れないが、イメージとして当時の研究者たちの行動は私にはカンブリア紀を連想させるのである。

以下はその当時の月例報告会の一例である。これはその時の資料が極めて部分的ではあるが手元に残っていたのでそれを頼りに記憶を呼び戻しながら書いてみる。まず、1974年9月3日の報告会である。高橋さん、柴田修一氏、安さんは多成分ガラス光ファイバの報告をしている。不純物の分析をしたこと、170dB/kmや50dB/kmの光ファイバを得たことを報告している。これは

1kmあたりの光の透過率が0.001%以下に相当する（ただし後年、多成分ガラス光ファイバとして世界一低損失の、4dB/kmの値を得ている）。小林さんと須藤昭一氏（1974年入社）は武蔵野で伊澤さんが行っていた軸付け法によるアルミニウム添加石英ガラスの製造を試みている。ただここでは酸素・水素バーナを使用せずに炭酸ガスレーザを熱源として実験している。彼らは水による光の透過率低下を防ぐことを目的としていた。結果は線引き中にコアだけが溶けて流れ出し、光ファイバにはならなかった。宮下さんと塙さんは武蔵野通研での手法を踏襲しバーナを使用して、アルミニウム添加軸付け法の検討をしている。結果は気泡が残ったものの12dB/km（透過率6%）の光ファイバができたとしている。しかし、アルミニウム含有量は目標の1/5程度にしかならなかったし、製造用原料供給の配管が詰まったと報告している。枝廣さんと川名さんは同じく軸付け法であるが、熱源としてバーナでも炭酸ガスレーザでもなく、プラズマを準備したが一瞬光っただけで失敗した。また、アルミニウム原料の分析と高純度化の検討も行っている。私は、ゲルマニウムの替わりに少量でも屈折率を高めることができるガリウム元素が添加できないか試してみたが、ほとんどガラス中に含有されず失敗に終わった。その解決のためにバーナの改良案を報告している。堀口さんは光ファイバにする以前に母材段階で光ファイバとしての損失が評価可能かどうかのテーマで報告している。

1974年11月8日の報告会では、枝廣さん、川名さんに加えて測定担当の堀口さんも参加してベル研究所技術のMCVD法の追試の準備をしている。使用する石英管の製造元による違いや、ガラス管内部の洗い方などの検討もしている。小林さん、須藤さんはアルミニウムの替わりに今度はチタンを試しているし、MCVD法の熱源に炭酸ガスレーザを使用することも検討している。宮下さん、塙さんはバーナを改造したこと、原料供給系配管の詰まりをなくす方法を見出したこと、小松電子金属の石英ロッドにアルミニウムを入れようとしたが入らなかったことなどを報告している。私は、堀口さんと一緒にバーナの改造やアルミニウムが添加された石英ガラスの白い塊を作製したこと（全く透明ではなかった）、小松電子金属製石英ロッドの測定などを報告している。これらのほとんどすべては成果にはならず、従って論文にもならずに没になった実験であった。公の記録にも残っていない。

第三章　VAD法の発明と開発

●国産自主技術VAD法

1975年にはカンブリア紀の様相は保持したままではあるが、2つの特徴的な方向性が出てきた。その一つはベル研究所のMCVD法の追試である。

ベル研究所のMCVD法は極めて論理的かつ明快な製造方法であり、川名さんはたちまちにその技術を立ち上げていった。MacChesney氏たちが茨城通研を訪問したのが1974年の夏であったが、それから1年も経たないうちの1975年には、早くも2.3dBkm（透過率59%）のそれまで茨城通研では見たこともなかった低損失な（透明な）光ファイバを実現することができた。これらのファイバは高周波炉を使用した大きな線引き装置でアルミニウム製の直径1mにもなる大きなボビンに巻き取られた。しかもそのアルミニウム製ボビンを線引き中ずっと赤外線ランプで加熱し、膨張させながら光ファイバを巻き取っていたのである。当時の光ファイバは、今のようにプラスティックの被覆が施されておらず、全くの裸のガラス繊維であった。その直径も未だ世界標準化される前であったため、150ミクロンだったり130ミクロンだったりした。これらの光ファイバは約150km離れた武蔵野通研の基礎第三研究室に、絵画などの美術品を運ぶトラックにて輸送された。当時の光ファイバは曲げたり、強い力でボビンに巻き付けたりすると、損失が増加する傾向があった。このためできるだけ大きな直径のボビンを使用し、金属の熱膨張現象を利用して、ボビンが冷めた時にゆるゆるの張力で光ファイバが巻かれている状態にしたかったためである。また美術品を運ぶトラックにしたのは、途中でボビンが再び膨張して裸の光ファイバを破断したりしないよう温度を一定に保つためであった。今となっては全く涙ぐましくいじらしくも思える。

前にも書いたが、武蔵野通研の研究者は比較的個人プレーで研究をするスタイルがもっぱらであるが、茨城通研では共同で研究や作業をすることも多かった。だから光ファイバが切れずに無事武蔵野通研に到着した時には私たちは皆で喜び合った。そのような時には20名くらいの仲間が一緒に酒を飲み、歌を歌った。未だカラオケがない時代であり、ただ全員車座になって手をたたいて歌っていた。水戸の郊外に涸《ひ》沼《ぬま》山荘という国民宿舎がある。そこに泊まり込んでみんなで宴会をする時もあった。全員20歳代から30歳代前半の若者であった。今から思うとなんとナイーブで素朴な風景だったのだろう。自分たちの未熟さに恥ずかしくもなるがまた懐かしくもなる。ただ、ベル研究所の研究者もニューヨークの郊外で、歌を歌ったかどうかは知らないが、毎晩のように若い研究者たちが集まってワインを飲んで騒いでいたそうであるから、それも時代だったのかも知れない。

もう一つの方向性は、武蔵野通研で伊澤さんたちが行っていた軸方向に光ファイバ用ガラスを成長させる技術を基本としながらも、透明なガラスを直接成長させるのではなく、一旦スート（soot、煤）と呼ばれる白い煤状のガラス微粒子の塊を作り、これを次の工程で透明なガラスにする方法の模索であった。

話は少しそれるが、私を含めてガラスについては知識に乏しかった茨城の研究者たちに、ガラス業界のこと、日本の石英ガラスの会社のこと、ガラス職人のことなどを広く、教科書や論文に記載のない巷の生の貴重な情報を与えてくれた人がいた。川喜多康隆氏である。当時、彼は水戸にあった株式会社水戸理化ガラスの営業マンであった。福島県会津出身の人で郷里の言葉をそのまま使って話すため、長年お付き合いしても 3dB（50%）程度しか話の内容が聞き取れなかった。それでも貴重な情報が多く含まれているため皆懸命に直感で内容を把握してコミュニケーションを成立させていた。ある時、その川喜多さんが宮下さん、塙さんを山形県酒田市の日本石英硝子株式会社（現東ソー・クォーツ株式会社）に案内していったと聞いた。そこでは、天然石英ガラスや合成石英ガラスを製造していた。天然石英ガラスは、水晶を砕いた粉粒を酸素水素バーナ中に送り込んで微小な液滴として上方から回転する種棒の上に落として堆積させる方法で製造する。これはルビーなどの結晶を人工的に製造する時に使用される方法と同じであり、結晶製造の場合にはベルヌーイ法と呼ばれる方法であった。ベルヌーイとはフランス人の名前である。一方、合成石英ガラスは、室温で液体の四塩化シリコンを加熱して蒸気の状態にし、パイプを通じて酸素と水素を燃焼ガスとする石英バーナ火炎の中に送り込み、液滴状態にして、やはり回転する種棒の上に軸方向に堆積させ成長させる方法で作られていた。この方法は 1943 年にコーニング社が特許出願していた方法であり、既に世界中で使用されていたのである。基本的にはこれも結晶成長の観点から言えばベルヌーイ法の一種である。ベルヌーイ法は軸方向に結晶を成長させていく。宮下さん、塙さんが日本石英硝子で見た石英ガラスの製造も、純粋な石英ガラスを軸方向に合成する方法であった。武蔵野通研の伊澤さんたちは、石英ガラスのみでなくこれに微量のアルミニウムを加えて、アルミニウム添加の光ファイバ用石英ガラス母材を軸方向に作っていたのである。

当時、光ファイバ用ガラスにはゲルマニウムを添加するのが最も適しているとわかってはいたが、ベルヌーイ法的な仕方で添加しようとするとゲルマニウムが揮発し、ガラス中にはほとんど含まれなくなってしまうという問題があった。このため武蔵野通研において伊澤さんたちは、2,000℃以上の高温でも気化しないアルミニウムを添加して光ファイバの母材を作製する方法を採用していたのである。ではMCVD法やコーニング社の方法ではなぜゲルマニウムの添加が可能であったのか？　それは添加する時の温度の違いによる。コーニング社の外付け法「OVD法」では、ゲルマニウムは2,000℃よりもかなり低い温度、例えば1,000℃以下に酸素水素バーナの温度を下げて回転するマンドレル上にガラスを堆積する。温度が低いのでこの場合は透明なガラスとしてではなくスートと呼ばれる煤状の微粒子となって堆積する。スートは、見かけは白墨（チョーク）のような白い塊である。その後これを熱処理して透明なガラスを得る。以上のことから類推すると、それまで行っていた軸付け法でも一旦温度を低くして煤状の石英ガラスを堆積すれば、ゲルマニウムを添加することが可能ではないかと考えられた。言い換えれば、軸付け法でアルミニウムの替わりにゲルマニウムを使用して温度を下げてガラス合成をすれば、コーニング社やベル研究所と同じような光ファイバ用母材が得られるはずであった。このため1975年は、参考のためにコーニング社の外付け法の追試も行われていたことを記憶している。ただ、スートの塊を熱処理しても透明にはならなかった。透明になるどころか曲がったり割れたりした白い棒状の塊ができる日々の連続であった。

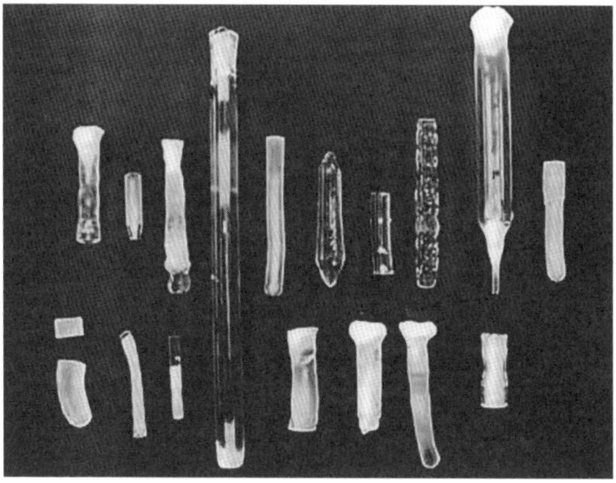

当時の失敗作（写真提供：伊澤達夫氏）

軸方向に堆積したスートを透明化しようとする時には 1,500℃程度の電気炉中にアルゴンなどの不活性ガスを流していた。ある時伊澤さんはこれをヘリウムガスに変えてみた。彼の回想によるとそれまでヘリウムガスは高価であるため使用しなかったと言っている。確かに我々が開発しようとする光ファイバ製造技術は、国産自主技術でなければならないのみならず、将来各家庭にまで光ファイバを張り巡らせるだけの経済性を併せ持たなければならなかった。当時のヘリウムガスは、使用のたびにそれを出口側で大きな黒い風船の中に溜め込み回収し再利用しなければならないほどに高価なガスであった。当然日本では全く産出しない。このようなガスを垂れ流しで使用することには合理性が確かに見出せなかったといえる。それでも彼はアルゴンをヘリウムガスに変えてみた。その効果は劇的で、今までどうしても透明にならなかったスートが一気に透明になったのである。

1975 年の暮れ頃になって伊澤さんはもう一つの変革を行った。

それは、これまで宮下さんと塙さんは上方にバーナを設置してガラス原料ガスを送り、回転する種棒にガラスを堆積させて徐々に種棒を下げて母材を成長させていたのであるが、これを上下逆転させたのである。

次ページの上の写真は上下逆転させる前のポラロイド写真である。これを下図のように上下逆転させた。つまり一番下にバーナを設置して原料ガスを送り込み回転する種棒の先端にスートを堆積させながら徐々に種棒を引き上げてスートを成長させる方法に変えたのである。このことがその後のVAD法「軸付け法」の決定的な優位性を導き出した。所謂ベルヌーイ法的な軸付け法では温度が高いため、ガラスは液滴となり重力に沿って落下して堆積する。一方スートは密度が低く軽いため、炎に流されて舞い上がる傾向がある。従って軸付け法では下から上にスートを吹き付ける方が自然の重力に沿った合理的な方法であった。火炎ガスの流れも斜め上方にスムースに流れ、スートの堆積も自然に沿った方向に堆積した。スートは上側に長く成長するよりも、下側に成長した方が安心感があった。このため安定した状態でスートを合成でき、それが後々優れた量産性の発揮につながることにもなったと言える。ようやくこれでVAD法が誕生したことになった。なお、上方にスート透明化のための電気炉を設置することにより堆積が終わったスートをそのまま上方で透明化することもできる。さらに言えばこの方法は、原理的には種棒をつかんでいるチャックを2連にして種棒を持ち替えながら連続的に母材を製造可能な方法であった。1976年の正月明けに伊澤さんは軸付け法の特許明細書を書き上げて、研究室で毎月開催される月例報告会で報告した。それは「光ファイバ母材の製造方法およびその製造装

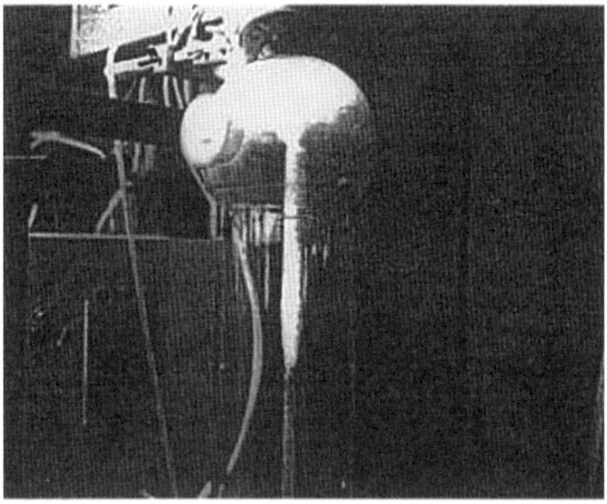

気相ベルヌーイ法によるスート（原料は上から供給）

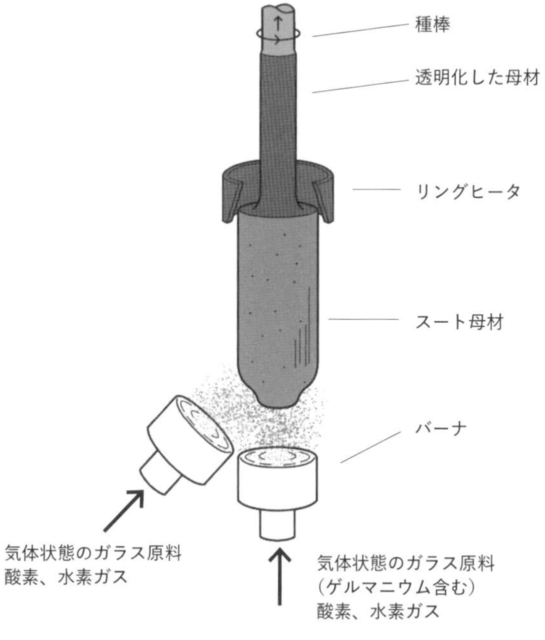

NTTのVAD法（軸付け法、原料は下から供給）

置」として伊澤、宮下、塙の3名の連名でその年の4月に出願になった。

●VAD法のデビュー

1977年には東京でIOOC'77の光通信関連の国際会議が開かれた。まだ小さな母材ではあったが、伊澤さんはこの国際会議に初めて国産自主技術である光ファイバ母材の製造方法を発表し、大きな反響を呼ぶとともに世界的に認知された。これにより、コーニング社の「外付け法」、ベル研究所の「内付け法」、NTTの「軸付け法」と3者それぞれの製造方法が揃ったのである。ただ、1977年のデビューではVAD法の名前は付けられておらず、しばらくの間この技術は「気相ベルヌーイ法」と呼称されていた。先に述べたように、担当研究者たちは結晶成長法の一種であるベルヌーイ法の原料の輸送方法を気相にした方法であると当初は認識していたからである。結晶屋さんからの発想であった。しかしこれは大雑把にはベルヌーイ法とも言えるが、よく考えてみるとベルヌーイ法とは上下逆であるし、むしろ成長の方向としてはYAG単結晶育成法の引き上げ法（チョクラルスキー法）に似ており、スート作製のみでなく次いで透明化工程があるためベルヌーイ法というには技術的にかなり違和感もあった。さらにベルヌーイ法というフランス人の名前を付けた方法では、本邦発明の技術ではないと誤解されかねなかった。

1977年に国産自主技術としての光ファイバ製造方法が世界にデビューした後であったが、その製造方法の名前を気相ベルヌーイ法から別の名前にするようにとNTT幹部からのご下命があった。すぐに茨城通研2号棟1階の居室に若い研究者が10名くらい集まって各自思いつくままに名前を提案した。提案された名前の候補を枝廣さんが次々に黒板に書き取っていった光景を記憶している。Optical（光）、Fiber（ファイバ）、Preform（母材）、Vapor（気体）、Phase（相）、Axial（軸）、Deposition（堆積）、Japan（日本）、Novel（新規）、Flamehydrolysis（火炎加水分解反応）などのイニシアルの組合せが多かったように思う。中でも覚えているのはVADOXとかVADFなどであった。ワイワイガヤガヤと皆で候補名を出し合ったが、多くの者には最終的にVADの3文字が一番しっくりくるように思えてきた。ただ、日本人は英語のVの発音とBの発音の区別をするのには慣れていないためVAD methodがBAD method（悪い方法）と間違えられるのではないかとの意見も出された。しかしVADはV,A,Dと区切って読むことにすればその懸念も払拭されるだろうとの意見に集約された。あとは商標登録を調べて光ファイバ用には「VAD」は登録されていないことを確認してVAD法として幹部に答申され、実際に商標登録として出願された。

ところがVAD法の名前が正式に登録されるにはまだいくつかの山を乗り越えなければならなかった。特許庁が先願に類似の名称があるとのことで登録を拒絶してきたのである。記憶はあいまいであるが、他者から出されている商標登録「NEOVAT」の「VAT」の部分が「VAD」と呼称類似だというのが具体的な理由であった。私たちは反論の意見書を提出したがそれでも受け入れてもらえず、最後は審判にまで持ち込んでかなりの時間をかけてようやく1984年頃に登録された。

余談ではあるが名前の付け方についてはなぜか枝廣さんが関与している。通常の光ファイバと違って、偏波保持光ファイバという特殊な光ファイバがある。これもNTT茨城通研で発明され国内ケーブルメーカで実用化されたものであり、現在では最先端のデジタルコヒーレント光通信システムや光ファイバセンサーなどに世界中で多く使用されている。この偏波保持ファイバはPANDAファイバと呼ばれており、開発は、岡本勝則氏、佐々木豊氏、柴田典義氏、大森保治氏、保坂敏人氏たちが行った。枝廣さんに誰かがPANDAは何の略称ですかと聞いたことがある。彼は黒板にPANDA=Polarization maintaining AND Absorption reducing fiberの略だと説明した。かなりのこじつけであるが、そのファイバの断面がパンダの目そっくりなので皆大笑いして納得した。

ここで時間的には前後するが、1977年のVADの発表の前に茨城通研において大きなエポックが2件あったことを記載しておく。第一のエポックは1975年の5月に国内のケーブルメーカ3社とNTTが共同研究を開始したことである。3社とは古河電工、住友電工、藤倉電線である。目的は国産自主技術によって光ファイバ通信を商用化することであった。NTTは製造部門を持たないため、将来自社で大量に使用することになるであろう光ファイバを国産自主技術として開発するためには、国内ケーブルメーカとその製造技術についても共同研究を行うことは当然の帰結であった。その共同研究は、ファイバ分科会（F分化会）、特許分科会（P分科会）、ケーブル分科会（C分科会）に分かれて実施された[10]。さらに古河電工はコーニング社と技術提携の関係にあったため、他の2社とは分けての共同開発を行い、情報は互いに交錯しないように厳重に管理された。我々ファイバの研究者の一部は、F分科会とP分科会をメインに担当した。毎月一度各メーカの主要な開発メンバーが 2〜3 名茨城通研を訪れて、それぞれの社内での 1 か月間の研究進捗状況報告をするとともに、深く皆で技術議論するのである。NTT の研究者はコーニング社との関係上、古河電工とそれ以外の 2 社と別々の日に個別に会議をしなければならず、月 2 回の頻度での会議になった。3 社ともに銅線のケーブルにはプロであったが、ガラスについては専門外であった。NTT も同様である。素人集団の方が既成概念にとらわれないのでかえって良い開発ができるという意見もあった。しかしそうとばかりも言えない。ガラスについて専門的な知識と経験が当時もっとあったのならもっと早く開発ができたかも知れないともいえる。現に、世界で最初に通信用光ファイバを実現したのはガラスについては長い歴史を有するコーニング社であったではないか。

ただ、素人集団の長所が出てきたのが第二のエポックである長波長帯の開拓である。1976 年に茨城通研の堀口さんと藤倉電線の小山内裕氏の連名で英国電気学会誌に光波長 1,200nm（nm: ナノメートル、100 万分の 1mm）において 0.47dB/km の極低損失光ファイバを実現したとのレターが掲載された。透過率では 90% に相当する。この論文は 2 つの点で画期的な意味を持っていた。一つは言うまでもなく、1dB/km を切る 0.47dB/km というこれまで誰も達成していない低損失な光ファイバを実現したことである。さらに意義深いのは、その低損失な値がこれまでの 1,000nm 前後の波長と違って 1,300nm の長波長であったことである。どういうことかというと、これまでコーニング社の 20dB/km やベル研究所の MCVD 法による 2dB/km の光ファイバは、不純物としての水がわずかに含まれていたために短波長でそのような損失値を示していたのである。鉄などの不純物を除いた後も水分が少しでも含まれていると光ファイバの透過率は著しく悪くなることは知られていた。つまり水分の含有が障壁となって損失が 2dB 止まりとなり、その最低値も波長 1,000nm 近傍にあったのである。では水を除けば損失はもっと下がり、最低損失を示す波長も長波長に伸びるのではないかというのが小山内氏たちの考えであった。彼らは徹底的に水分の混入を防ぐために製造装置、原料の高純度化、などの検討を行うとともに、MCVD 法で使用する市販石英管の内側にできるだけ厚い合成クラッド層を形成してからコア部分を形成する、という極めて注意深い検討を行った。さらに堀口さんはその注意深く製造された光ファイバの損失を測定するべく長波長用の光検出器を準備していたのである。当時の光検出器は 1,000nm 以下の短波長用が主流であり、光ファイバの損失を 1,300nm の長波長で測定できるように準備していた研究者はおそらく世界中でも数少なかったと思われる。

彼は茨城通研 2 号棟 2 階の西側端にあった暗幕が張られた実験室で測定していた。この部屋は当時の部長であった加藤嘉則氏が部長会議室を光ファイバの検査用に改造して提供したものであった。この時代は光ファイバの解決すべきテーマが急激に拡大して実験室が大幅に不足していたのである。

堀口さんの測定結果は世界の光ファイバ通信に大きな変革をもたらすことになった。光通信を行う波長を、これまでの可視光を含む 1,000nm 以下の短波長帯から 1,300nm の長波長帯に変えたのである。この長波長帯では光の損失が圧倒的に低いのみでなく、光パルスが光ファイバ中を通過する際にその光パルスの波形が最も崩れにくいことも予想された。これは従来よりも多くの信号を遠くまで送れる光ファイバを実現したことになる。NTT と国内ケーブルメーカとの共同研究が発足してからわずか 2 年目にして、まさにその相乗効果が表れ画期的な成果をもたらしたのである。

●迷いを吹き飛ばした新しい装置

1974 年から 1977 年にかけては、このように日本においても光ファイバの新しい製造方法や、性能の飛躍的な向上などについて顕著な進歩が見られた時期であった。そのような時期に私は MCVD 法や VAD 法で製造された光ファイバ用母材をひたすら光ファイバにする仕事にも従事していた。直径 2 ～ 3cm 程度の細くて短いガラスのロッドを 0.1mm 程度のガラス繊維にするのである。ガラスのロッドは他の研究者たちが精魂込めて製造した貴重な代物である。これらの多くは新しい条件や新しい製法で製作されているため世界に二つとない貴重なものであった。これらの母材からいつでも世界的な成果が生まれてもおかしくない状況であった。光ファイバ母材を線引きする際に重要なのはその直径の変動である。例えば直径 0.150mm の光ファイバの場合、その変動は ± 0.001mm にする必要がある。それも少なくとも数 km の長さにわたって変動をなくさなければならない。もしもこれが 0.005mm などと変動していれば、光ファイバをつなぐ時に光が漏れてしまい不都合が生じる。もう一つ別の理由は、光ファイバの直径が変動すると光ファイバのコアとクラッド構造の乱れが生じ、これが光の透過率に悪影響を及ぼすのである。1974 年当時までは少なくとも目標 0.001mm の 10 倍、± 0.01mm かそれ以上の ± 0.03mm 程度の変動はあった。この変動の原因が、線引きの温度変化によるものであることは容易に想像できた。温度が変化すれば石英ガラスの粘度が変化する。そうすれば、同じ速度で光ファイバを線引きしているため、粘度が異なると母材が光ファイバになる量が異なり、その直径が変化せざるを得ないのである。当時イリジウムヒータが燃えるのを防ぐためアルゴンガスを流しながら、高周波誘導加熱の熱源を使用して線引きしていたのだが、2,000℃以上の高い温度を正確に測定する方法と測定器はなかった。温度測定には熱電対という金属製の温度プローブを使用するのが一般的であるが、この場合、高周波に反応して熱電対そのものも発熱してしまうため使えない。光パイロメータという温度計もあったが2,000℃でのおおよその温度は測れるものの、光ファイバの直径を0.001mmに対応した温度精度で測定することは全く無理なことであった。唯一手掛かりになったのは、高周波の電力パワーであった。高周波出力が1/1000の精度で一定であれば、温度もそれに応じて一定であるだろうと想定された。このため高周波出力を記録しながら実験を進めていたのであるが、いくら出力が安定していても逆に不安定であっても、光ファイバの直径変動はそれとは無関係に別の挙動を示していた。私は、1975年に新入社員として配属されてきた坂口茂樹氏と、高周波炉の内部に置かれているイリジウムヒータを保持するカーボンウールの部品やさらにそのカーボンウールを支える石英ガラス部品の形状や寸法を様々に工夫して実験を繰り返していた。そしてたまたま不注意でいくつかに割れてしまった石英ガラス部品を再度組み合わせて使用して実験をしている時に、光ファイバの直径がぴたりと0.150mm ± 0.001mmと1/1000の精度で安定したのである。高周波炉の中をよく見ると、組み合わせた割れた石英ガラス部品の間には隙間が複数個あり、どうもそれが直径の安定化に寄与しているらしいことが感じられた。つまり、高周波誘導加熱炉内に流入させているアルゴンガスの乱れが、温度変化の最大の要因であることを突き止めた。その後はアルゴンガスが乱れることなく層流状態で流れるように炉内構造を意識的に設計工夫して安定的に0.001mmの精度で光ファイバの直径を制御することができるようになった。このことはこの時点では小さな成功ではあったが、その40年以上も後に私が設立した会社のコア技術として大きく結実している。これについては後述する。

私は、1975年の9月には労働組合の分会長という「寄り道」も終わり、再び研究に没頭できる体制が整いつつあった。1976年になってからであったと記憶しているが、伊澤さんについてくるように言われ、茨城通研の7号棟に一緒に行った。7号棟とは元もと線路研究部が同軸ケーブルなどの研究をするために建てた大きな研究棟であった。天井は10m以上もあろうかというくらいに高く、まさに学校の体育館の様相であり、そこに黒い電線ケーブルが巻かれた直径3m程度の木製のボビンが無造作にいくつも転がっていた。その入り口を入ってすぐ右側にアルミニウムの壁で仕切られた部屋が新たに設けられていた。体育館の中に長方形の部屋があったということである。その入り口のドアを開けるともう一枚のドアがあり、エアーシャワールームになっていた。エアーシャワーに当たってそこを通り抜けるとクラス1,000程度のクリーンルームになっていた。そのサイズは大体ではあるが、縦8m、横17m、天井高さ6mもあった。これまで2号棟の古い部屋を見慣れていた私には、天井から壁まですべてアルミニウムでできている部屋は非常に珍しく感じた。

部屋の中には装置が2台据え付けられていた。1台は高さ約

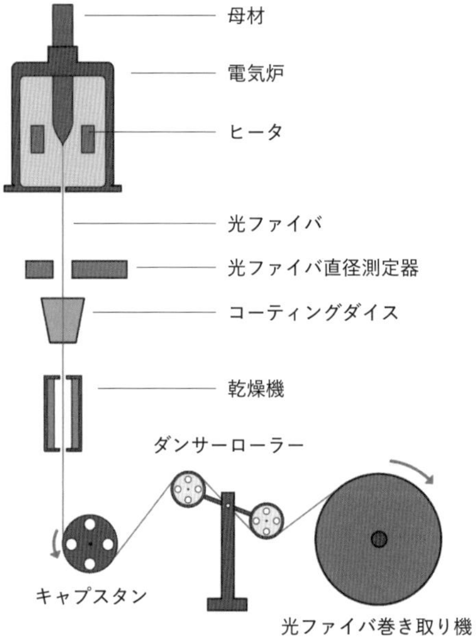

線引き装置

4mの線引き装置であり、光ファイバの線引き中に外部からの振動によって光ファイバの直径がゆらがないように土台は頑丈な鋳物でできていた。装置の制御系はすべてデジタル制御になっており、電気炉から出てきた光ファイバを直接ボビンに巻き取らずにダンサーローラーを介して張力を調整しながら巻き取る本格的なものであった。ダンサーローラーがあるおかげで、それまでのように金属製の大きなボビンを加熱したり冷却したりして張力を加減する必要もなくなるのである。従って巻き取りのボビンも直径1mのアルミニウム製ではなく、直径30cmの発砲スチロール製の軽量なものであった。光ファイバ母材を2,000℃の高温で局部的に加熱する炉は、高周波炉ではなくカーボン抵抗炉が使用されていた。これらすべてが私には初めて見るものであり、まさに目を見張るものばかりであった。伊澤さんは、この電気炉は冷却するために外壁は二重構造になっているが、アルミニウムをくりぬいたのではなく「焼き嵌め」と言って内側の筒を冷却し、外側の筒を加熱してはめ込み熱膨張の差を利用して 2 つの筒の合わせ目に隙間をなくして水漏れを防いでいるのだ、と説明してくれた。

もう一つの装置は長方形の角柱を横にした巨大な大理石の上に鎮座していた。大理石だけでも何トンもあるように思われた。縦横 70cm で長さ 6～7m はある大理石の上に、ほぼ同じサイズの金属製の装置が乗っており、大理石とその装置を支えるためにさらにキャスター付きの巨大な鉄の枠が設置されていた。これはもう一つの線引き装置用熱源の炭酸ガスレーザである、そしてこの部屋と装置を君に任せるのでよろしくお願いすると言われた。私は目を見張るばかりであった。まず新しい線引き装置の電気炉が高周波加熱炉でなく抵抗加熱炉であるため、その電源含めて非常にコンパクトでスマートであること、ボビン巻き取り方式にダンサーローラーを使用していること、モータなどの電気制御系がすべてデジタルであることなどは私を興奮させた。それと同時にこのような部屋と装置を任されることに強いファイトが湧いてきて、研究の意欲も大いに高まった。その当時私は光ファイバの線引きはしていたものの、線引きはあくまでも他の研究者へのサービス業的な分野であり、線引きの研究だけでは光ファイバ研究の本流とは言えなかった。また労働組合を引き受けて 1 年間の時間的・精神的な損失も大きく、逆に博士論文も出来上がりつつあったので、NTT を辞職して大学での職を探そうかと考えていた矢先であった。それにもかかわらず、私はこの日を境に、光ファイバ研究への意欲が爆発したような感じがした。線引きは本流ではないかも知れないが、私には非常に興味深く思えていたし、光ファイバの直径を 0.001mm の精度で制御する方法の基本的な技術も既に手中にしていた。この最新の装置を使用してそれをさらに発展させることができればこれほど面白いことはなく、彼への返事に同意する以外は考えられなかった。

それからというもの、私は 2 号棟の居室と高周波炉のある線引き室と 7 号棟のクリーンルームの間の数百メートルを、毎日何往復もして掛け持ちで線引き装置と技術をブラッシュアップしていった。その当時、光ファイバ母材製造技術の研究をしていたグループが作製したほとんどの母材を、私はこれらの 2 台の線引き装置で光ファイバに加工した。

ただ苦労した点は一つだけあった。それは線引き装置のすべての制御系がデジタル化されていたことに起因する。それは非常に正確な制御を行うのであるが、まだデジタル制御が出始めた頃であったため、線引き装置は頻繁に、勝手にストップするのである。途中でストップすると電気炉温度も下がり、ほとんど最初からやり直しになる。当時の母材は小さくようやく 1km 長の光ファイバが取れるかどうかの貴重なものであったため、線引きの中断は最も避けたいことであった。特に 7 号棟にはよく見学者が来られた。外部企業の幹部から政府の議員なども見学に来られた。私たちはその都度見学時間に合わせて線引き時間を調整して準備しているのであるが、見学が始まったとたんにアラームが鳴ってキャプスタンの回転がストップする時もあった。未だデジタルの電子部品の完成度が低く、装置全体としては不安定であったためであるが、それでもこの新しいコンセプトの線引き装置はその欠点を十分に凌駕するだけの魅力は持っており、これらの不具合も含めて私がその後の線引き装置を作製する時の貴重な経験にはなった。

余談ではあるが、見学者の中で今でも記憶しているのは、ある女性の作家のことだ。線引きした後の長い光ファイバに赤いレーザ光線を通して見せた時、彼女はその光ファイバを恐る恐る手で触って、「私、光をつかんだわ」とはしゃいでいた。その光ファイバは出来が悪くて赤い光がコアの外まで染み出して赤く光っていたのであるが、逆にそのような感じ方や表現もあるのかとその感性に感心した。

また私は、1975 年に MCVD 法の原料供給量をコンピュータで精密に制御できるようにするため、埼玉県行田市にあったタケダ理研工業株式会社（現アドバンテスト）の工場から NOVA 製ミニコンピュータを購入し、ベーシック言語でプログラムを作成していた。このミニコンピュータは現在のパソコンのように電源を入れたら使用可能な状態になるようなものではなく、電源スイッチを on にした後にまずは機械式の多数のトグルスイッチで（金属製の小さなバーを上下に押して 0/1 状態にするスイッチ）機械言語のソフトウエアを読み込ませ、次いで多数の穴の開いたさん孔テープによって OS を読み込ませるためのプログラムを読み込ませ（ブートストラップローダー）、さらにベーシックの言語で書かれたソフトを再度さん孔テープで読み込ませて、ようやく使える状態になる代物であった。それでもこれは当時の最先端だったのである。ただ、MCVD の製造装置をコンピュータ制御するにはまだ時期尚早であったため、私はこれを光ファイバの損失測定器に改造した。測定波長は光検出器がシリコンであったため 1,100nm までしか測定できなかったが、水分基のピークは 850nm にも現れるため、そのピークの大小を見ることによって母材の良否判定に使用するには十分であった。また光ファイバの損失を測定することは他の研究者のためだけではなく、線形制御や張力制御がどれだけうまくいっているかなどについて、線引き技術の良否判定にも役立った。このため私は、ひたすら光ファイバの線引きとその光ファイバの損失測定を行いながら線引き技術も線引き装置も改造するという、ストレスのない、忙しいが楽しく充実した日々を過ごした。このことはそれからすぐにやってきた VAD ミニプラントの仕事でどれだけ役立ったか知れない。

●それは死の谷ではなく、曲がった道であった

1976 年から 1977 年はこのような状態で過ぎていき、1977 年の 7 月には東京で開催された IOOC'77 国際会議において VAD 法が初めて日本国産自主技術として世界に認知されたことは前に述べた。この時の VAD 母材は 7 号棟の線引き装置で光ファイバにされ損失も測定された。塙さんからわたされた VAD の母材を線引き装置にセットして温度を上昇させ光ファイバにしようとした時、母材からブクブクと小さな泡が無数に出たのを覚えている。MCVD の母材と同じ温度で線引きしようとしていたのであるが、VAD 法の母材にはその温度は適当でないことを示していた。VAD の母材はまだ完全な透明体ではなかったのである。私はあわてて温度を下げ、泡が出ないことを確認してようやく線引きを開始した。わたされた母材が小さかったため長い光ファイバは引くことができなかったが、損失を測定するには十分であった。

その後、茨城通研の光ファイバの研究陣容も強化され、河内正夫氏、千田和憲氏、宮哲雄氏の 3 名が加わり、次々に多くの論文が発表された時期でもあった。新たな成果が出るたびに一般の新聞にも掲載され、研究者たちもますます意気軒昂な状態になっていた。皆で酒を飲む機会も増えた。

一方、伊澤さんは次のアクションを考えていた。1977 年の IOOC'77 国際会議が終わった後、VAD 法が国産自主技術として関連学会・業界で知られるようになっていたが、彼はそれがまだ基礎技術の段階であり、それを工業化して NTT が使用するまでには多くの課題があることを認識していた。また NTT は製造部門を有しておらず、茨城通研の研究者は基礎的技術分野の研究者であるが故に、そこで生まれた技術を自ら工業化し商品化することは適当でないと考えた。おりしも日本の大手ケーブル 3 社と NTT は国産自主技術の開発と銅線並みの低価格光ファイバを目指して共同研究を遂行中の時期であった。彼はこの状況を利用して VAD 法を工業技術に立ち上げ、同時にケーブル 3 社に技術を移行して光ファイバを製造してもらい、日本の通信インフラを構築しようと考えていた。そのような構想のもとで立ち上げたのがミニプラント工場であった。具体的には茨城通研内に VAD 法による光ファイバの試作工場を建設し、そこに NTT 茨城通研の研究者と共同研究 3 社のメンバーが常駐し、半量産規模で VAD 法による光ファイバを製造しようという計画であった。そのために彼はまずこの企画の了承と予算の獲得から始めた。MCVD 法で作った小さな母材を引き延ばして市販の石英管に入れ、張子の虎のように太らせて、私の記憶では直径 5cm、長さ 40cm くらいの母材を作った。それを研究所長に見せて、もしもこの企画を認

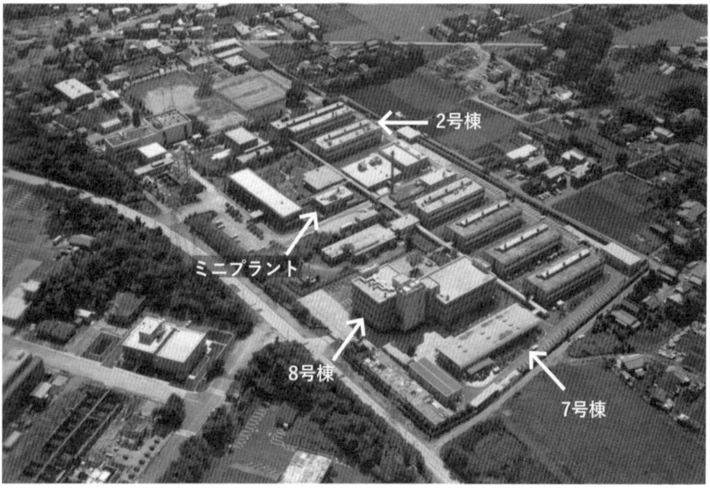

当時の茨城通研

めていただければこのような巨大な（当時としては）母材を作って見せますと勝負に出たのである。最終的にはこの企画は了承され、ケーブルメーカにも周知・合意されてNTT始まって以来の半量産規模の製造工場の建設が始まった。これは当時のNTTとしては考えられない画期的なことであった。工場は、茨城通研内の食堂の前の地下室にあった研究用のジグなどを作る機械加工室を改装することになった。

1978年は変化の多い年になった。まずその年の冬、突然伊澤さんが茨城通研を去って武蔵野通研基礎研究部に戻ることになったのである。人事異動とは言っても、ミニプラント構想を考え、予算を獲得し、工場や装置の基本図まで作った後に転勤となったのであるからその心中はいかばかりか、私たちには彼に言う言葉が何も見つからなかった。ただ、私は一つだけ「7号棟の炭酸ガスレーザの線引き装置はどうしたらよろしいですか？」と彼に尋ねた。その答えは、「もう使わないだろうから自分の墓石にでもしてくれ」であった。その炭酸ガスレーザは大きな大理石に乗ったままになっていたからである。私は何も言えなかった。

それから即座に研究所から後任の組織と人事が発表された。彼の後任は稲垣さんであった。彼は金属材料研究室の研究員であり職位では伊澤さんと同格であったが、光ファイバについては専門外であった。私は稲垣さんの下に配属され、実際にメーカ3社の人たちとミニプラント工場で半量産規模での技術開発をする役目を命じられた。同時にそれまでMCVDを担当していた千田さん、塙さん、そして数か月遅れて新入社員の須田裕之氏が配属された。須藤昭一氏はミニプラントとVADの機構解明の基礎研究とを掛け持ちで 参加した。VAD法の技術・ノウハウについて塙さんと須藤さんはVAD開発初期の頃から担当しており豊富な知識と経験を持っていたため、技術立ち上げについては力を発揮するはずであった。母材を光ファイバにする線引き技術については木村隆男氏、坂口さん、岡崎さんが配属された。機械、電気、化学、物理の分野の研究者と優秀な技能者のチームとなった。チームはミニプラントという未知のプロジェクトを前にして不安感を抱きつつも意気軒高であった。それからのミニプラント立ち上げに関しては、稲垣さんは技術的分野については全面的に私に任せてくれたので、私としては大変助かり、思うままに活動できた。

4月になりいよいよ地下の工場の内装工事も完成し、私はガスの配管や冷却水の配管、排ガス設備のこと、電力ケーブルの配線など、およそ研究とは直接関係しない事項について工事関係者との打ち合わせの日々を過ごした。冷却水はミニプラント屋上のクーリングタワーのタンクから地下室までの配管を通じてポンプで供給されるようになっていた。しかし全体が閉管系であるため万一地震や雷で全停電になった時にはポンプが止まり、冷却水が流れなく恐れがあった。1,500℃や2,000℃の電気炉が何台も設置される地下室ではこれは非常に危険なことであると想定された。これを防ぐため、水道管のバイパスを設け全停電時にも冷却水が流れるように設計変更などもしなければならなかった。つい数年前まで電子スピン共鳴吸収の研究をしていた自分の境遇の変わりように驚いたが、決して不満はなかった。むしろ7号棟での経験は大いに役立った。さらにはその時は想像していなかったが、この時期が私のそれからの研究人生の転換期になったと思うし、どれだけ価値ある経験になったか計り知れない。またそれまで私と坂口さん、及川喜良氏は、他の人がVAD法やMCVD法で作った母材を光ファイバに線引きしていたのだが、ミニプラントの仕事に専念するために、線引き装置を誰でも使えるように改造整備して2号棟で基礎的研究している研究者たちに引き渡した。

この時点において、私は「死の谷を越える」などということを全く意識していなかった。そのような言葉があることすら知らなかった。それは当然のことで、「死の谷」という言葉が特にアメリカで使われるようになったのは1980年代の後半であり、1970年代にはまだその言葉すらなかった。だから私は「死の谷」を越えようとして行動したわけではない。ただ、基礎的段階にあるVAD法を世の中に出していくことに素直にやりがいと強い興味を持って行動しただけである。研究と事業の間にあるギャップは、研究者と事業者の双方の心の中やお互いの認識に起因しているものと思う。一歩一歩現実を踏まえて進んでいけば良くても悪くてもおのずから向こう側が見える結果が出てくるものであり、死の谷という言葉でごまかすべきではないと思う。基礎的研究はある部分だけでのトップデータを出すために行っているのであって、当然他の部分は抜け抜けの状態になっている。まずそれを両者が最初から認識していないところに「死の谷」という悲観的であいまいな言葉が生まれてくる。自分の役目は研究までと決めてしまえば「死の谷」が見えてくる。自分は事業だけをするのだと思えば、後ろに「死の谷」が現れる。私はミニプラントを通じて、研究と事業とは深い谷で遮られているのではなく連続的につながっていることを実感した。その間は死ではなく生につながる希望の道でもある。ただ、事業にたどり着くまでには道は曲がりくねっている。谷の前で立ちすくんだり、谷に橋を架けてわたるのではなく、道に迷わぬように気持ちは真っすぐにひたすら歩く、そうすれば谷は消える。それが事業化への近道だと思う。以下はその時の体験の記憶である。

●ミニプラントの開始

やがて 6 月になり、五月雨式に装置が搬入されてきた。まずは VAD 量産用引き上げ装置の 1 号機である。東京足立区にあったサン理工電機で製造されたものだった。社長は土居春洋氏で、社員 1～2 名の町工場であった。私はこれを契機に彼から機械装置や電気炉などについて多くを教えてもらった。搬入された装置の高さは 5m、横幅は 1m 程度のスマートな形状で、合成された母材を先端で支える種棒を把持するチャックはエアー駆動式で上下 2 連になっていた。これは光ファイバ母材を連続製造することも可能なように配慮された装置であった。つまり種棒を母材の成長とともに上下のチャックでつかみかえることによって、原料供給が続く限り、限りなく連続的に母材を作ることができるように設計されていた。

私たちは工場内で組みあがった装置を見て強いプレッシャーを感じた。まだ人の指ほどの大きさの母材しかできていない現状技術と装置の大きさがあまりにも違いすぎること、スートを透明にするだけでも精いっぱいの技術レベルなのに、それを同時に連続的に製造することのギャップ、それらに対してこれからやらなければならない大きくて高い壁を想像すると全員プレッシャーを感じたのである。しかし我々はそこで考え込んでいる暇はなかった。次々に原料供給装置、排ガスの前処理用のスクラバーなどが運び込まれ組み上げられていった。原料供給装置はブルックスインスツルメント社のマスフローコントローラーを使用したもので、現在はひたちなか市にある水戸精工株式会社で製作されたものであった。VAD 装置は 2 号機としてもう 1 台納入されることになっていたが、この装置の設計が未だ完全には終わっていない段階で伊澤さんは転勤してしまっていた。従って連続製造方式は残しつつ細かな設計を追加して行い、1～2 か月遅れて 2 号機は搬入された。基本的には 1 号機と同じ性能である。

VAD 母材を光ファイバにする線引き装置については伊澤さんが転勤時には未だ設計されていなかった。これについては 7 号棟の経緯から私に残しておいたものと推察し、7 号棟の線引き装置を参考にしつつ設計した。私は 7 号棟の線引き装置を十分に経験した結果、改良すべき点は明確に把握していた。第一にデジタルでの自動制御をアナログ制御に戻したことである。当時のデジタル技術は未だ製造ラインを安定して動作させるほどには熟し

VAD装置M1号機（写真提供：須田裕之氏）

VAD装置M2号機（写真提供：塙文明氏）

ていなかったためである。半量産規模で光ファイバを線引きする以上、装置はまずは人間の意のままに制御され、しかも安定して稼働してくれることを第一優先にした。町のガラス工場で食器や装飾品を加工しているガラス職人のことを想像してみればわかることであるが、真っ赤に熱せられて軟らかくなったガラスを素早く手際良く曲げたり吹いたりする職人技を、まだWINDOWS95も存在していない時代にデジタル化するのは、あまりにも時期尚早であった。それは7号棟の苦労から学んだことであった。もちろん今なら進んでデジタル化したであろう。電気炉は将来を見据えて大型化し、強度を増すためアルミニウムではなく単純にステンレスの溶接仕上げとした。ダンサーローラーを使用した巻き取り部は7号棟の線引き装置をそのまま踏襲した。この線引き装置が7号棟や2号棟の装置と異なっていた点は、光ファイバの表面にプラスティックの2段の被覆ができるようにしていた点である。光ファイバが実用化されてから40年以上も経過している現在、光ファイバが折れることに驚く若い人たちがいる。今の光ファイバは通常の取り扱いでは確かに折れない。ただ、光ファイバはガラスの細い繊維である以上、実際は容易に折れるのである。なぜ折れるかというと、ガラスの表面に顕微鏡でも見え難い傷があると、そこが起点となって傷が広がり少しの力でも折れてしまう。逆に、表面に傷がないと本当はピアノ線よりも強い。だから光ファイバが電気炉から出てきた直後に何物にも接触する前に被覆してしまうのである。私は以前に2号棟の高周波電気炉を使用した線引き装置でウレタンを被覆してみた。フェルトに微量液輸送ポンプでクレオソートに溶解させたウレタン溶液を少しずつ垂らしてファイバに塗布し、直後に上下に穴が開いて貫通した筒状の電気炉で加熱して硬化させた。光ファイバは驚くほど強くなり、手で強く引っ張っても手の方が切れるほどであった。それまで毎日折れた光ファイバを手や足に刺して拡大鏡で見ながら苦労してピンセットで抜いていたことが嘘のようであった。特にミニプラントの線引き装置はこれまでで最も高い 5m の高さで設計できたので、ウレタンに変わってシリコーン樹脂 2 段のコートも可能になった。

ミニプラントでの線引き装置

線引き装置は東京荻窪の吉田工業が製作した。被覆用電気炉は自作し、光ファイバの線形制御は三菱電機株式会社のモータ自動制御器を使用した。装置が搬入されても装置を実際に使えるようにするには、複雑で細かなガスの配管系や電気系、ガラス部品やガラス製バーナの取り付けジグ作製など多くの作業が残っており、これについては手分けして研究所、メーカ 3 社が一緒になって取り組んだ。

●行動すれば見えてくる

そしていよいよ VAD 装置が ON になり、原料ガスが供給され、酸素・水素バーナに火がついてスート母材の製造が始まった。VAD1 号機（M1 機）は可能な限り条件を固定して VAD 母材を

VADスート合成の様子

製造しその安定性を検証することにした。後から搬入された装置（M2機）は製造条件の最適化を図るため、製造条件を変えながら検討することにした。実際その結果はどうであったか。私の記憶では、まずM1号機では最初のうちはことごとくスートが落ちた。スートが落ちないようにすれば透明にならなかった。VADスートをヘリウムガス雰囲気中で1,500℃程度の温度で熱処理すれば透明なガラスになることはわかっていた。ただし、ヘリウムガス雰囲気中で熱処理すれば必ず透明になるかというと必ずしもそうとも言えなかった。スートが最初に透明になってからまだ1年あまりしか経過していない。ヘリウム雰囲気中で熱処理したらなぜ透明になるのかについても未解明であった。経験的にそれを知っていたのは塙さんと須藤さんの二人しかいなかった。製造装置が変わり、製造する人が変わり、場所が変わり、時間が変われば、前の状態が再現できないというのはよくあることだ。それにしても共同研究メーカ3社と共同作業をしている最中のことである。失敗のすべてが彼らの目の前で起こっていて、NTTサイドのメンバーは毎日が冷や汗をかく思いであった。一方、M2号機ではいろいろと条件を変えているが、スートが落ちるとか透明にならないとかの問題はあまり起きなかった。塙さんがM2機で作ればうまくいった。その後実験を繰り返した後、この失敗はスートの密度や温度とも密接に関係していることがわかった。つまりM2機の条件を正確に文字化し数値化できていなかったことが原因であった。言ってみれば簡単で当たり前のことではあるが、実際には製造中の壊れやすいスートの密度を測る方法はなく、スート製造中の温度を非接触で測定する装置もなく、当初は感覚的に伝えるしかなかったのである。

当時、ケーブルメーカのVAD法に対する立場には、3社3様、微妙に違いがあった。古河電工はコーニング社と技術提携しており、藤倉電線はベル研究所で開発されたMCVD法で世界一の性能の光ファイバを製造し長波長帯を開拓した実績があり、住友電工はそれとは別に自主技術を開発しようとしていた。これらの会社が揃ってVAD法で量産したいという判断をするように持っていかなければならない。それも共同で実験を行うため失敗やデータはすべてオープンになり、ごまかしは一切きかない。しかし逆にVAD法で量産できるのだということを事実として目の前で示す以外にその解決策はなく、透明化などのメカニズムが解決されていない以上、試行錯誤の実験を繰り返すしかなかった。ケーブルメーカからは研究者が各社1名ずつと技能者1名の合計6名の陣容であった。メーカの研究者も各社競って優秀な人を派遣してきていたが、技能者たちも非常に器用であり、機敏な動作ができる心強い人たちであった。メーカから派遣されてきた人たちは茨城県東海村村松虚空蔵尊近くの旅館に寝泊まりし、数か月単位で交代していった。

またミニプラントが始まって以来、多くの見学者が頻繁に訪れるようになった。もちろん技術内容は外部に公開されるべきものではないが、国産自主技術として広く認知してもらうには可能な限り見学者を受け入れなければならないのも事実であった。結局、NTTの事業部関連の幹部、政府や特に郵政省のNTT管轄機関、国公立の研究機関や大学、一部民間の研究所など、かなりの数の見学者を頻繁に迎え入れた。見学者は地下の簡易クリーンルームに入るのであるが、そこには目には見え難い程度に小さな光ファイバの破片が落ちている可能性があり、必ず靴の上からオーバーシューズを履いていただく決まりになっていた。ただ、一般の人がオーバーシューズを履くことは慣れていないため、その都度私たちが手伝ってあげなければならなかった。私はいつも率先して靴を履かせていた。このため、当時私は既に理学博士の学位を取得していたが、「自分は靴ハカセだよ」と自虐的に言って皆を笑わせていた。

このように多くの人たちがかかわり、ミニプラントが始まり数か月も経つと初期のトラブルは解決したが、どうしても解決できない重大な問題が残った。それは屈折率分布が2乗分布、つまりきれいな釣り鐘状にならなかったことだ。VAD法では未だマルチモード光ファイバしか実現できていなかった。そのマルチモードファイバとはコアの屈折率分布が2乗分布していることが特徴であった。つまり光ファイバの中心部の屈折率が周辺部よりも1%程度高く、周辺部に行くに従って徐々に屈折率が小さくなり、その小さくなり具合が釣り鐘状の2乗分布をしていなければならない。そうでなければ高速通信には適しておらず、MCVD法に替わる光ファイバ製造法にはなりえなかった。当時のVAD法では、バーナを複数本スート母材の側面に配置して各バーナへ屈折率を高くさせるゲルマニウムの量を少しずつ変え、2乗分布を実現しようとしていた。しかしそれぞれのバーナの境界部分で干渉が起こり、この方法ではいくら試してもいびつでコブのある屈折率分布にしかならなかった。

ところが、M2 号機では 1 本のバーナでそれなりに 2 乗分布に近い母材が得られる時があった。この頃になると日本電子製のサーモヴューワーという赤外線で二次元的にスートの表面温度を測定する機械も導入された。これでスートの先端温度をモニターし、バーナの角度とスートとの距離、炎の流れる方向と排気管の位置関係を、毎回ポラロイド写真を撮って定量化し、スート合成中の空間の圧力、流速なども測定して、多くの制御すべき要因を経験的に明らかにしていった。一方、2 号棟では河内さんと須藤さんたちによって VAD 法のスートがヘリウム雰囲気中でなぜ透明化するのか、屈折率分布はなぜ 2 乗分布で形成できるのかなどのメカニズム解明も同時並行で進んでいた。1978 年が暮れて、1979 年になった頃には特性は未だ十分とは言えないまでも、VAD 法で透明で屈折率分が 2 乗分布に近い母材が安定的にできるようになった。これらすべてのデータは、装置の細部と実体験も含めてメーカ側にも日々自動的に開示され、各社持ち帰って各社毎に工夫を凝らした VAD 技術が立ち上がっていった。最初は VAD 法の導入に躊躇があったかも知れないメーカも、この 1 年足らずの間に大きく様変わりした。そのことは毎月開催される共同研究の F 分科会でも各社の状況報告で顕著に知ることができた。

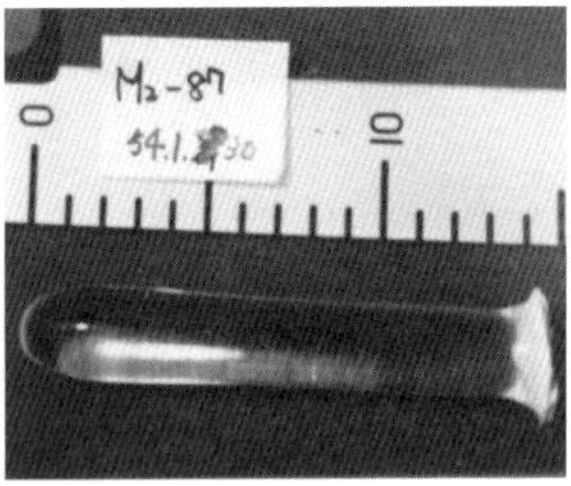

製造したVAD母材
（写真提供：塙文明氏）

各社ともVADの設備投資を行い、将来の本格的な量産を目指している姿勢が明確になってきた。1979年（昭和54年）1月に製造した母材のサイズは直径約3cm、長さ約13cm、重さ約60g程度であった。そしてその年の3月、ミニプラント開始から1年間でこのプロジェクトは終了した。あとは各社毎に共同研究の場を通して競い合いながらもVAD技術を本格的な量産技術に育てていくことになった。

ミニプラントのメンバー全員は何かをやり遂げたという充実感はあった。ところが一方では、このミニプラント構想については他の研究者はあまり関心を持っていなかった。彼らは世界トップレベルの高性能な光ファイバを世界で最初に実現して論文発表することや、ガラスの物性などの機構解明をすることの方に興味を持っていた。それはそれで不可欠で重要なことであるが、どちらかといえば独創性が少ない量産や工業化、商品化などは、これらの研究よりは一段と低く見られる傾向があった。従って、ミニプラントで行われた熱気あふれる活動は、研究所の記録や光ファイバ開発の歴史にはほとんど残されていない。研究とは別物と見なされていたのである。

そのような状況に対してミニプラントのメンバーは気にしている時間はなかった。なぜなら各家庭にまで光ファイバを張り巡らせることを可能にする国産自主技術としては、未だ問題が山積していることを研究所で基礎的なことをやっている研究者たちよりも肌身で感じていたからである。メンバーの全員は、メーカとの共同作業でのミニプラントが終了したと言っても、その実力や実態が未だ理想とは程遠いことを誰よりも知っていた。とても気楽な気持ちではいられなかった。従ってその後もさらに1979年から1981年の3年間、ケーブルメーカのメンバーのいないミニプラントで、我々はVAD技術のブラッシュアップの開発を継続した。

●月までの距離を目指して

残された問題の第一は、その頃、ミニプラントで作製した光ファイバを、現場に敷設して実際に使えるかどうかを試す現場試験をまぢかに控えていたのであるが、それに対応できていなかったことである。ミニプラントで毎日2本の母材を作ったとしてもほとんどは失敗作であり、光損失も伝送帯域も、ファイバの直径変動や被覆の状態も含めてすべての特性を同時に満足し、現場試験に提供可能な光ファイバは未だできていなかった。この現場試験に導入できなかったらVAD法の商用化は遠のくことになり、それでは今までの苦労が報われない。これについては2号棟でVADの機構解明をしていた須藤さんの全面的な応援があり、10km前後の光ファイバを12本、合計100km以上を作製した。それらはすべて分布も極めて2乗分布に近い実用的な光ファイバであり、期限内に提供することに成功した。須藤さんは1974年入社の電気工学専門の研究者であったが、塙さんとも気が合い機構解明だけではなく、量産技術の開発にも深い理解を示し協力してくれた数少ない研究畑のメンバーであった。

第二の問題は、VAD母材の合成速度と出来上がったそのサイズであった。ミニプラントで作成した母材の合成速度は1分間に0.5gでしかなかった。また母材のサイズも直径2cm、長さはせいぜい20cmにも満たないものであった。装置は5mの高さがあるにもかかわらず、である。光ファイバの重さは1kmの長さでもわずか27gしかない。それでも27 gの光ファイバ相当の母材を製造するのに約1時間を要する。日本の全家庭に光ファイバを導入するとなると1億時間もかかることになる。仮に100台の装置で製造するとしても100万時間、つまり約100年かかることになり、全く現実的でなく膨大なコストになる。これではとても従来の電話線に替わる通信インフラにはなりえない。さらにサイズも小さく1本の母材からは10km程度の光ファイバしか得られず、これも途方もなく目標とはかけ離れていた。

第三の問題は線引き速度である。当時は毎分30mの速度であり、速くても60mの速度でしか光ファイバを線引きすることはできなかった。1億kmの光ファイバとは、地球から月までの距離を1,000往復する以上の距離に相当する。それを人間が歩くよりも遅い速度で線引きしているのでは本格的な光通信時代は想像もできなくなる。

第一の問題はクリアできたが、第二、第三の問題を解決するにはまだ基礎的な研究も含めての開発を継続する必要があった。ここでミニプラントのメンバー以外の外部からは合成速度の高速化とか線引き速度の高速化などはメーカのする仕事で、製造部門を有しないNTT研究所がする仕事ではないとの意見も強かった。しかしそれはVADや光ファイバの華々しい表面的な成果のみを見ている人たちの意見であり、現実を目の当たりに見ているミニプラントのメンバーからすれば、とてもそのようなことは言っていられなかった。このままでは論文を書いただけで終わってしまう。

またそれをメーカにやってもらうにしても、一度はそれを自らやって見せなければならないことを我々はこの1年間に学んでいた。だから高速合成も高速線引きもまずは我々がその最初のきっかけを作るべきであり、やってみよう、やって見せようということになった。

話はそれるが、1974年にベル研究所の MacChesney 氏が MCVD 法を発表して光ファイバの研究開発が欧米と日本で活発になったのであるが、それ以降ベル研究所からはめぼしい発表はされていなかった。日本では、堀口さんたちの長波長帯の開拓や VAD 法の発明など多くの注目される発表があった。しかしベル研究所が沈黙している時が最も不気味であった。彼らが日本の数々の発表を見て手をこまぬいているはずがない、必ず何か重大な開発を秘密裏にしているだろうことは十分予想された。そして予想通り1978年、私たちがミニプラントで半量産規模での VAD 母材製造の開発に没頭している時に、彼らは光ファイバの強度と信頼性について徹底的に調べていたのである。彼らもまた論文だけで終わらせようとはしていなかった。やはりベル研究所も光ファイバの商用化を本気で考えていた。光ファイバがガラスである以上折れるのは当然のことであり、銅線に替わってそれが20年、30年の長期にわたって本当に現場で使用できるかどうか、その保証はどうするのかについて本気で研究していたのである。我々は VAD 製造に熱中するあまり、まさにその観点は盲点になっていた。

このような状況下で、私は1979年の3月にベル研究所マレーヒルへの出張を命じられた。私の専門外の分野であったが、ガラスの破断、静疲労、動疲労など、どちらかといえば機械工学分野の知識を詰め込み、ベル研究所での討論に備えた。1ドル250円程度の時代、初めてのアメリカ出張であった。マレーヒル研究所で面談した人はCharles R. Kurkjian氏であり、彼は当時光ファイバの強度について初めて学術的に言及した人だった。討論は純粋に技術的な内容に終始し、私は多くの有益な経験をして帰国した。帰国後すぐに坂口さんと光ファイバの強度についての研究を始めた。坂口さんは大学で材料の破壊について研究しており経験のある人だったので、その分野についてのバックグラウンドは持っていた。光ファイバの強度を考えるには、長い鎖のようなものを考えなくてはならない。鎖の両端を引っ張るとそれはどこで切れるか、それは最も弱い鎖の一つの輪の箇所で切れる。光ファイバも同じで一番大きな傷がある1カ所で切れる。大きな傷といっても1/1,000mmにも満たない表面傷である。私たちはまず10m超の光ファイバの両端を把持して引っ張り、何kgの強さで引っ張った時に光ファイバが切れるかをテストする装置作りから始めた。もちろんそのような装置は市場にはなかった。光ファイバを引っ張ると、強いサンプルでは7%近く伸びる。10mに対して7%であるから70cmもぐいぐいと伸びるのである。ガラスが伸びる現象を見るのは非常に不思議でもある。そして最後は大きな音を立てて粉々に破断・飛散する。その時の引っ張り強さがその10mの長さの光ファイバの強度である。10m長の無数の光ファイバをその試験機にかけてテストした。得られたデータはワイブル分布上にプロットして統計的に解析しなければならないが、私はそれまで光ファイバの損失測定に使用していたNOVA社のミニコンピュータでワイブル分布を描かせるようにしてBASIC

言語でソフトウエアを作り直して解析した。そしてなぜ表面に傷ができるのか、どうしたらその傷をなくすことができるのかについて、被覆のみでなく石英ガラス材料の観点からも徹底的に検討した。また最初は切れていない光ファイバでも、長時間荷重がかかったままで放置しておけば、遂には破断に至る。このような現象も定量化して光ファイバの寿命を求める実験も継続的に行った。坂口さんは後にこの分野で博士号の学位を取得した。

一方日本では、光ファイバの光学的な性能向上に熱心に取り組んでおり、1978年暮れにはMCVD法で宮さんたちが0.2dB/kmの石英ガラス系の光ファイバとしては究極的な低損失の光ファイバを実現していた。コーニング社の最初の光ファイバが、1km光が透過した時にその1%の光が出てくる性能であったのに対して、この光ファイバは入れた光のほとんど全部の95%の光が出てくるというものであり、光ファイバ開発の歴史的な成果の一つになった。日常的な間隔でどの程度の透明度かというと、東京から富士山が見える晴れた日の空気と同じくらいである。この成果を1979年3月にアメリカ・ワシントンD.C.で開催される光ファイバ通信国際会議のポストデッドラインペーパーとして発表してきてほしいと、私は宮下さんと宮さんから依頼された。発表の会場はワシントンのOMNI ShorehamホテルのDiplomat Roomであり、当時のNTTニューヨーク海外駐在事務所の青木利晴氏（元NTTデータ社長）が同行してきていた。私はベル研究所で討論した数日後、ワシントンのこの会議で発表した。当然のことながら大きな反響を呼んだが、数日後の『Laser Focus』という業界誌に日本が半導体だけでなく今度は光ファイバでアメリカに乗り込んできたとの記事が掲載された。当時、日米半導体摩擦が始まったところだったのである。

余談ではあるが、その後1981年、東京新宿で光関連の国際会議があった。その会議場でベル研究所MacChesney氏のグループで、MCVD法による光ファイバ母材の開発を中心になって行っていたWilliam G. French氏と会った。夕方、会議の帰りがけに新宿の高層ビル屋上のビアガーデンでFrench氏と枝廣さんと3人で懇親したことがある。その時French氏は、2年前のワシントンの国際会議の日は自分にとっては最悪の日であったとこぼした。MCVD法はベル研究所の開発技術である。これは勝手な推測ではあるが、なぜ究極的に低損失な光ファイバがベル研究所でなくNTTで実現されたのかと社内で責められたのかも知れない。あるいは彼のプライドが許さなかったのかも知れない。結局彼はベル研究所を辞めてその時は既に3Mの社員になっていた。私は返す言葉もなく複雑な気持ちにはなったが、それはそれで仕方がないことだと割り切って3人で別の会話を楽しんだ記憶がある。

そのような状況の中で、私たちミニプラントのグループはVAD法の高速合成の研究開発と光ファイバ線引き速度の高速化の研究に踏み出した。VADの母材の合成速度を10倍にするために、原料供給量を10倍にしても母材は全くできなくなる。同じバーナを使用している限り流れが速くなり乱流になるからである。レイノルズ数が異なる状態になるともいえる。VAD技術は情緒的な表現では、自然に逆らうことなく穏やかに作ることが基本である。バーナのサイズを大きくして大量の原料を流してみても、レイノルズ数が大幅に変わるような流速ではVADの情緒的表現に反することになる。このためバーナからの気体の流れを直

透明化中の高速合成した大型スート母材（写真提供：須田裕之氏）

接観察しようとして、シュリーレン干渉計を使用して流れを可視化したり、何本もの大型バーナを作って試してみたり、主に若い須田さんの担当で開発を進めた。シュリーレン干渉計は古河電工にも貸し出してメーカでも観察した経緯もある。透明化用の電気炉もそれに応じて大型化用の電気炉を試作した。

やがて 0.5g/ 分の合成速度が数 g/ 分にまで数倍にはなったが、まだ十分な速度とは言えなかった。

1985 年になって、それまで多成分ガラス光ファイバの研究をしていた無機化学専門の柴田修一さんがガラス微粒子の成長速度の機構解明を行った。我々はその結果を元にバーナの火炎の外側をもう一つの大きな火炎で包む二重火炎バーナを考案し、実験を継続した。これによって結局 VAD 合成速度は当初の 10 倍近い

4.5 g / 分にまで高速化し、直径 5.5cm、長さ 50cm、重さ 2.5kg（従来の 40 倍）の母材を得ることができた。これはマルチモードファイバでは約 600km 長の光ファイバコアに相当し、シングルモードファイバでは実に 1,500km 長の光ファイバコアに相当する。この時点ではもはや、スート合成用のベルジャーの直上に巨大な電気炉を置くことは不可能になっていた。スート合成装置の横に電気炉を置き、スート母材をその電気炉にセットするのでさえ一苦労なほどスートは重くなっていた。

ケーブルメーカにはこの技術を開示し、さらにメーカによって高速化が進み、現在は工業的に 20g/ 分程度、1 本の母材から 2,000km のシングルモード光ファイバが線引き可能なほどになっている。さらに光ファイバ用途だけでなく半導体や光学用など、汎用の合成石英ガラスの製造方法として、後になって国内の石英ガラスメーカや半導体製造装置メーカにも技術移転した。

●「ABC理論」で天井を抜いた

一方、線引き速度の高速化についての問題は別のところにあった。光ファイバ母材は 2,000℃以上の高温で溶かされて細い光ファイバとなって電気炉から出てくる。出てきたところでは未だ非常に高温のままである。線引き速度を上げていくと、高温の光ファイバが冷める前にプラスティックの被覆材料に触れることになる。一般にプラスティックは温度に弱いため材料の変化が起こって被覆ができなくなる。さらに被覆材料を入れている容器中での対流も高速に追随しなくなって高速での被覆は困難になる。このため、まずは線引き装置の高さを高くして、電気炉から出てきた光ファイバと被覆する位置の間隔を可能な限り遠ざけて光ファイ

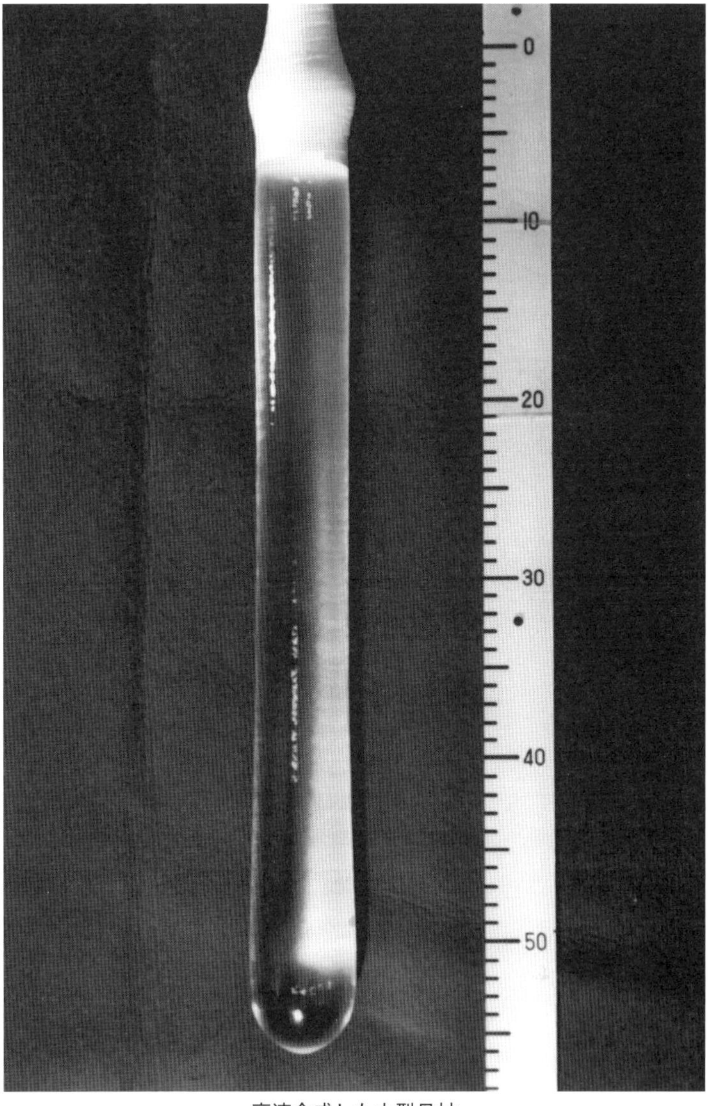

高速合成した大型母材

バを冷やす必要がある。最初の2号棟の線引き装置の高さは約3m、7号棟の装置で4m、ミニプラントの装置で5mであった。これでは100m/分が限度であった。もう一桁上げるには10m以上の線引き装置を作るしかない。そして研究所で実際に高速で線引きし問題点を洗い出し、高速化が可能であることをケーブル3社に実証して見せることがこの課題を前に進める適切な方法であろうと思われた。しかしそれには10m以上の高さの線引き装置を格納する建物が必要となる。そしてそのような建物は茨城通研にはなかった。茨城通研はNTTの他の研究所に比べて予算規模も建物も最も小さな研究所である。多くの研究者は研究する場所が狭くて困っていた。建物を増築するにはNTT本社を説得する明確な理由が必要となる。そこで私はこの線引き技術の高速化が将来の低価格光ファイバの実現には不可欠であり、そのためには建物の増築が必要であるとの企画を作り幹部に提案した。場所は4階建ての8号棟の東側に地下1階地上4階建ての建物を増築することとした。増築部のうち4部屋、101号室から201、301、401号室は床の一部をくりぬき4階から1階までを吹き抜けにし、両扉のエレベータも付けた。他の部屋は通常の実験室や居室に当てて結局8号棟が20部屋近く増えることになった。これで14mの高さの線引き装置を収納できることになり、線速も1,000m/分が実現できると目論見を立てた。線引き技術は機械工学専門の坂口さん、被覆材料関連では有機化学専門の木村さんが主に担当した。前にも書いたようにこのような計画は一部の研究者には評判が悪かった。研究の香りやプライドにそぐわなかったためであろう。くだらないことと見なされた。背の高い線引き装置を作れば線引き速度が速くなるのは当たり前だと言われ、くだらないことをしている、とも直接言われたことがある。私は丁度その頃何かの書き物で「ABC 理論」と銘打った格言らしきものを目にした。当たり前のこと（A）を馬鹿にしないで（B）ちゃんとやる（C）意味だそうだ。私たちは別に崇高なことをやろうという意識はなく、ただ単に線引き速度を速くしなければ銅線並みの光ファイバ価格は実現できないからそうするだけのことであった。そうならなければ日本中の全家庭に電話線と同じように光ファイバを張り巡らすことはできなくなる。幸い当時、ベル研究所の研究員も茨城通研をたびたび訪問し多くの交流があったのだが、その時にベル研究所の研究リーダーであった Suzanne Nagel 氏が見せてくれたスライドには、あのトランジスタを発明した香り高いマレーヒル研究所にもやはり 10m 程度の大きな線引き装置が設置されている写真があった。装置の側面には「Explorer」とその装置のニックネームが大きな文字で書かれていた。当時の NASA の宇宙観測ロケットの名前である。ベル研究所でも同じことを考えていたのかと私は少し気を強くした。また何よりも有難かったのは、当時の上司である稲垣さんが全面的に理解して推進してくれたことであった。建築は NTT ファシリティーズが行った。8 号棟増設部が完成すると、ミニプラントの装置も地下に運び込まれた。地下実験室の天井は 6 ～ 7m 程度あった。VAD も高速合成の研究が進んで母材が大型化し、天井高さが足りなくなったためである。スート母材は非常に割れやすい。直径 20cm、長さ 1m 以上、種棒も含めて重さが 10kg 以上の重くて割れやすいスート母材の種棒を須田さんはようやく持って透明化用の電気炉にセットしていた光景が思い出される。現在のケーブルメーカでは母材はさらに大型化し、クレーンで搬送していると聞いている。この場所で前述の二重火炎バーナを使用した高速合成の開発を行ったのである。

その後、高さ14mの線引き装置も搬入され組み立てられた。4階建ての高い線引き装置を運転するにはとても一人ではできない、エレベータで行ったり来たりしながら2人または3人がかりで運転することになった。「ABC理論」に従って高速線引きを行ったわけであるが、当初の予想以上に多くの検討課題が出てきた。この装置を使用して高速線引きが本当に可能なのか、ファイバが途中で切断することなくどのくらいの速度まで可能なのか、被覆は高速でもできるのか、被覆材料の硬化は可能か、そして高速で線引きされた光ファイバの損失に悪影響はないか、強度や信頼性に悪影響はないか、検討すべき課題は山ほどあった。私たちは100m/分の線引きまではミニプラントで実験していたので、それとの連続性を保ちながら徐々に速度を上げていった。私は実際のところ1985年冬に東京に転勤になったので、400m/分までしか経験していない。坂口さんは高速線引きの研究を続け、木村さんは被覆材料と被覆用のダイスの改良を行い、その後1,200m/分までの高速線引きに成功し、光ファイバも銅線のように高速で製造できることを実証した。この頃になると国内のケーブルメーカもこぞって背の高い線引き装置の導入を始めた。なお、現在のケーブルメーカでの線引き装置の高さは20m程度かそれ以上あると聞いているし、実際に商用ベースで1,500m以上の高速線引きを実施している。

私たちの研究グループが8号棟の増設部に移転してから、高速合成や高速線引き以外に実施し、失敗した開発テーマもある。今から思うとあまりにも真面目に国産自主技術や銅線並みに低価格の光ファイバ実現にこだわりすぎたことがその失敗原因に思える。私は 8 号棟の増設部に移ってから、光ファイバのコスト試算を始めた。母材の高速合成が達成できたらどの程度のコストダウンが可能になるのか、高速線引きではどうか、日本において 1 億 km の光ファイバを製造するにはどのような体制が必要か、ケーブルメーカ 3 社だけでそれは可能なのかなどのシミュレーションを行った。幸い BASIC の言語には慣れていたので計算はいかようにもできた。その結果、コストダウンに大きく影響する要素があることに気づいた。それは高速合成や高速線引きによって製造工程のコストが低下するに従い材料コストの占める割合が高くなることであった。中でも屈折率を高めるためにどうしても含有させなければならないゲルマニウム材料の価格が問題であった。ゲルマニウムは文字通りドイツで発見された元素であるが、当時はベルギーのホボケン社がアフリカでほぼ独占的に採掘し輸出していることもわかった。日本では産出しない。現在は中国やロシアが最大の産出国で日本は 100% 輸入に頼っている。光ファイバを構成する元素はシリコンと酸素、それにゲルマニウムである。シリコンは地球上どこにでもある砂の中にも存在する。酸素も地球上最も多く存在する元素である。しかし肝心のゲルマニウムが高価格で輸入に頼る元素では、将来は問題になるのではないかと考えた。このためゲルマニウムに替わる元素を見つける研究を私たちのグループで開始した。主に清水誠氏がそれを担当した。以前伊澤さんたちが研究していたアルミニウムもその一つであるが、アルミニウムはゲルマウニムと電子配置が異なり結晶化しやすく、そのため損失が下がらない。できるだけゲルマニウムに性質が近い元素でガラスに混入しやすく資源的に問題ない元素を探すことにした。周期律表の中で希土類元素は文字通り稀少な元素であり、これも日本では少量しか産出せず、高価であることから最初から候補としては除いた。これが私の最大の過ちだった。ガリウム、アンチモン、などいくつかの候補はあるがどれも価格と資源面でゲルマニウムを凌ぐとは考えられなかった。それでもVAD法でいろいろな元素を含有させる技術そのものは手中にした。一般にシリコンやゲルマニウムの原料は室温で液体の塩化物として取り扱いが容易である。しかし多くの元素は塩化物であっても室温では固体の材料が多く、これをVADのバーナ中に気体の状態で輸送するには多くの工夫を要した。それについてはできたのであるが、目的とするゲルマニウム代替元素はなかなか見つからなかった。考えてみればこの問題はコーニング社が最初に直面した問題である。彼らもチタン、ボロン、などいろいろな元素を検討した結果、最終的にゲルマニウムを選定した経緯がある。私たちは壁に直面していた。その頃、光ファイバ中に希土類元素を入れればレーザ発振器や光増幅器ができるのではないかとの話が持ち上がっていた。私は過去にYAGレーザの研究をしていた頃、ファイバレーザについても十分に調べたことがあった。その当時の、1960年代であるが、ファイバレーザには損失が大きい多成分系のガラスを使用していたため原理的には優れているはずであるが、実際の性能はかなり劣っていた。当時は励起用の適当な光源がなかったのも影響していた。その記憶が邪魔をして私の判断を狂わせてしまったと今では思う。そしてあまりにも光ファイバの低価格化技術の開発に気を取られて、先進的なその分野への展開に舵を切ることができなかった。その分野とは、希土類元素の1種であるエルビウムを添加した光ファイバで光の直接増幅を行う技術開発である。これはファイバ増幅器として今日では光通信には広く使用されているが、その後他の希土類元素を添加したファイバも実現され、電気溶接に替わるレーザ溶接機やレーザ加工機、さらには超高出力ファイバレーザとして諸外国ではミサイルの迎撃用にも使用されようとしている。もちろん VAD 法で各種元素を添加する技術をエルビウム添加に適用することは容易であったため、その後、清水さんは、1974 年に長波長帯を開拓した堀口さんのもとでファイバ増幅器の研究に従事し、後に NTT エレクトロニクスでそれを商用化することに成功している。

研究や開発は強いこだわりと情熱を持って、そのテーマに没頭して進めることが不可欠である。逆に、こだわりすぎてもいけない、没頭して周りが全く見えなくなってもいけない。使命観に燃えすぎてもいけない、真面目すぎてもいけない。そのバランスが本当に難しいものだと思う。好き勝手にやることも必要だが、何よりも実行する前の冷静な戦略が最も重要である。

光ファイバ用材料については 1979 年当時、まだ高純度の 99.9999% の 4 塩化シリコンを使用していた。これについても実際に低純度の、99% 以下の、4 塩化シリコンを使用したり、不純物としての鉄を故意に加えた原料を使用したりして VAD 母材を製造し、原料の純度が出来上がった光ファイバの損失に悪影響を及ぼさないことを実証してイギリスの雑誌にも投稿したことがある。またそれまで VAD 法では主に光ファイバのコア部のみを作製し、クラッド部分は市販の石英管で補っていたのであるが、これでは市販の石英管の占めるコストの方が無視できなくなるため、クラッドも含めてすべてを VAD 法で製作することもトライした。所謂、全合成光ファイバの実現である。今考えてみればばかなり私はバランスを崩してこのようなテーマにのめりこんでいたものと思う。しかし後になってベル研究所でも同じように低純度原料の検討を行っていたことを知った。さらにこの時に開発した高速合成法による全合成技術は、現在のシングルモード光ファイバに全面的に採用されている。このようなのめりこんだ開発は失敗であったともいえるが、考えようによっては逆に無駄どころではなかったかも知れないと今となっては思っている。失敗も成功も見方によって180度変わるものである。

1979年にメーカと一緒のミニプラントが終了して以来のこととしていくつかの特筆すべき事項がある。

2号棟でVADの基礎技術や機構解明をしていたグループでVAD法における脱水技術が開発された。河内さんたちはVADのスート母材を透明ガラス化する際にヘリウムガスと一緒に塩化チオニルというガスを流した。これにより、水分子がスートから抜けてVADスートは水分を含まない透明な石英ガラスになった。この頃にはMCVD法で水分を含まない極低損失な光ファイバが次々に実現されていたため、VAD法でもそれができることが必須の命題であった。脱水技術の実現はVAD法にとって大きな前進であった。その後ミニプラントメンバーでは塙さんが中心になって徹底的な脱水技術にチャレンジして、10億分の1%以下も水分を含まない完璧な光ファイバを実現することができた。さらに河内さんたちはVAD法でシングルモードファイバが実現できないかの検討を行った。開発前期には河内さん、都丸暁氏、安さん、開発の後半には宮さん、塙さんが加わり尽力した。シングルモードファイバとはコアの中を進む光路が1本の光ファイバであり、高速、長距離、大容量の通信に適している。コア径は10

ミクロンと小さくファイバ同士の接続は難しい。一方マルチモードファイバは複数本の光線がコア中をバラバラに進むため高速通信などには適していないが、コア径が50ミクロン以上あるので接続が容易というメリットがある。いわば、シングルモードファイバは「高級品」、マルチモードファイバは「通常品」と従来は考えられていた。このため「高級品」はMCVD法が適しており「通常品」はVAD法での製造が適していると見なされていた。

このため、彼らはシングルモードファイバ用にできるだけ細いコアと厚いクラッドを有するスート母材の製造に注力した。その結果VAD法でもシングルモードファイバが実現可能であることを示すことができた。これによってVAD法によるシングルモードファイバ製造技術が新たに開発され重要な進歩となった。

ところが皮肉なことに現在では、先に述べたマルチモードファイバ用に開発した二重火炎バーナのVAD高速合成技術と低価格化のために開発した全合成VAD製造技術が、性能面、価格面、信頼性面、資源面すべてにおいて、シングルモードファイバの製造に最も適していることが判明し、この種のVAD法が「高級品」のシングルモードファイバ製造に世界中で使用されることになった。つまり、コアは二重火炎の高速合成技術で大型母材を作り、クラッドは高速合成と全合成技術をフル活用して製造するのである。逆にMCVD法は屈折率の制御性に優れているため、むしろ「通常品」のマルチモードファイバの製造に多く使用されることになっている。結果としては全く入れ子の状態になった。さらに光ファイバの接続技術が進展したため、シングルモードファイバは今や長距離から近距離、テレコムの世界からデータセンターまですべての領域で使用されようとしている。

私たちが、銅線並みの経済化を目指して開発してきたマルチモード用の VAD 技術が、このような思わぬ形でシングルモードファイバの大量生産に利用されることになるとは全く不思議な気持ちがする。イノベーションとは単にとんがった一つの技術だけではなくいろいろな技術が折り重なり、あざなうように関連し合って世の中で使える実用的な技術に変遷していくものだとつくづく思う。

最後に VAD の特徴である連続合成技術の記憶について記しておく。VAD 法は母材を軸方向に合成できるのを特徴とするが、その延長線上のもう一つの特徴として、連続製造が可能になることがある。つまり、下の方でスートを合成し種棒にスートを堆積させながら順次上方に設置した電気炉で透明化していく方法である。実際ミニプラントに導入された装置はそのように設計され作られていた。それにもかかわらず、私たちはその装置を使用して連続製造の実験を一度も行っていなかった。その理由として、スートが透明化する時には縦方向で 1/2、横方向で 1/4 程度も体積が収縮するため、連続製造実験にトライすること自体が技術的に大変難しかったのが第一の理由である。どういうことかというと、VAD 法はバーナと炎、排気管などの位置関係を 0.5mm ほどの正確度で厳密に常に一定にしなければならない。もしもスート合成中に上の方で透明化が始まったらスートは何 cm も収縮上昇してバーナの炎の位置から外れてしまう。従って炎とスートの位置を一定に保ちながら透明化するには、種棒全体をその瞬間だけ下降させなければならない。短い時間であるがこの操作の成否には運動神経が左右するといっても良いくらいの芸当に近い技術が要求される。また、VAD 法でも脱水処理工程が入ることになり、

VAD法での母材連続合成中の様子（8㎜映写フィルムから）

スート母材と電気炉の境界は周囲から水分が混入しないように密閉しなければならない。壊れやすく回転し上昇しているスートを密閉するのが困難であるのがもう一つの理由であった。ミニプラントの終盤になると、高速合成技術も向上してきて、必ずしも連続合成が生産上のメリットとは考えられなくなってきた。ただ、VAD 法の特徴の一つでもある連続製造を一度も経験しないで良いのだろうかと私たちは考えた。ミニプラントを閉鎖して装置も新設 8 号棟に移設してしまえば二度と連続製造の実験はできなくなる。そうなれば VAD の連続製造が可能であることを実証した証拠も残らない。私たちは連続製造に成功してそれが可能であることをきちんと実証したかった。私と塙さんはミニプラントが終焉に近づいた頃そのように考えて実証実験を実行した。まず前の日からガラスジグやバーナはきれいに洗浄し正確にセットした。

装置も入念にチェックして準備を整えた。翌日の朝早く4時頃出社してバーナに火を入れ実験を開始した。合成されたスートが成長し、その長さが長くなって透明化用の電気炉の中心に到達する頃には既に夜になっていた。やがて透明化が始まり、塙さんが素早く鮮やかな手つきで透明化開始の瞬間の危機を乗り切った。それからさらに透明化を継続し遂に透明な母材が電気炉の上方から首を出してきたのは真夜中のことであった。結局その日は徹夜をして明け方にようやく確かに連続製造しているという映像を8mm カメラで記録することができた。この実験は自己満足でしかなかったかも知れないが、確実にVAD法の特徴を実証した貴重な記録になった。

●自然はアナログ、日本はアナログ

アメリカで発明された光ファイバ母材製造方法は、コーニング社は「外付け法」、ベル研究所は「内付け法」である。いずれも棒や管の外側か内側に一層ずつ薄いガラスの層を形成していく方法である。一層ずつであるから、層の数は数えることができる。10層で作るとか100層で密に作るとか、すべて数値で合理的に表すことができる。つまりデジタルな作り方である。層毎にガラスの成分を変えたり温度を変えたりしてデジタルで制御可能な技術である。

一方日本のVAD法は軸方向、つまり長さ方向に成長させる方法であるため、瞬間的には軸の中心から周辺に向かって空間的に一度に薄いガラスの皮を形成していく作り方である。長さ方向（軸方向）には品質は一定になりやすい。一方、軸に直角な方向の輪切りの面内では一度に所望の成分の分布を形成することにな

る。その成分の分布は外側からは手出しはできない。スートの成分はすべてバーナの炎の中で決まってしまう。さらに炎のサイズ、形、温度、炎が流れる角度、既に形成されたスート母材との距離、排気管の位置、排気量、排気圧力、等々、無数に屈折率分布に影響を与える要素はある。そしてそれらはすべて製造装置にも依存する。まるで天気予報のためにスーパーコンピュータを使って気流の流れを計算するようなものだ。それでも、台風などの天気予報が必ずしも当たらないのと同じように VAD 法を解析的に制御することは難しい。ベル研究所では VAD 法でなぜ屈折率分布ができるのかを解こうとしていた研究者もいた。ベル研究所のある研究者は、国際会議などで会うたびに VAD 法のノウハウにかかわる細かな技術まで私に聞いてきた。もちろん私はノウハウにかかわる事項は教えなかった。彼は自ら VAD 法の追試実験と理論解析の両方を行っていたが、最後までそのメカニズムを解明することはできなかった。あまりにも考慮すべき要素が多かったためだ。このことは論文としては記録に残っているがその後の技術の進展には役立ってはいない。この結果ベル研究所では、VAD 法は制御が難しいので将来の量産化に向いていないと結論づけた。彼らは MCVD 法により量産化を行うとの決定をしてアトランタでの製造部門で量産を開始した。

しかし日本人にとっては、重要なポイントをいくつか押さえれば常に製造条件を一定にでき、安定して VAD 法で光ファイバ母材を合成できることは自明の理のように思えた。装置についても何に注意してどう作れば良いかもわかっていて、装置の更改にも障壁はなかった。それは製造条件、製造装置、ジグなどの、多数の摺り合わせ技術、まさにアナログ的な技術であった。それは自然に倣った技術であった。はっきりした地層のように一層一層区別できるもので構成されている技術ではなく、炎という気流がすべてを一度に決めているつかみどころが難しい技術、しかし別の観点からは水が上から下に流れるように自然法則をそのまま表現した技術だったのである。分析的にとらえれば複雑であるが、全体的に把握すれば単純で当たり前の技術だったのである。そしてそれが今日では世界で最も産業的に優位な技術になっている。考えてみれば日本ではそれに類した「自然に倣った」技術を基盤とした産業が世界的に大きなシェアを占めているようだ。例えば半導体LSIの世界においても、LSI製造そのものは台湾やシンガポールには遠く及ばないが、それを製造するための出発材であるシリコン単結晶では信越半導体株式会社が世界シェアの30%以上を占めている。YAG単結晶の育成で私自身も経験したことであるが、融液から結晶を作る際にも自然に逆らっては高品質な結晶はできない。もちろん装置自体はデジタル技術を駆使して最先端の機器を使用しても、原料が溶融している坩堝の中身は自然現象でありアナログ的である。LSI製造には欠かせないレジスト材料でも日本の化学メーカ勢が世界的に大きなシェアを有しているし、数年前に韓国との貿易で問題になった高純度フッ酸でも日本が世界的に優位な立場にいる。粉体やグリーンシートから製造される先端的なセラミックスの世界でも、光通信分野において京セラや日本ガイシは半導体レーザのパッケージで大きなシェアを占めているし、Orbray（元アダマンド並木精密宝石）は光コネクタフェルールで世界のトップグループとしてのシェアを持っている。つまり、ガラスや粉体、融液から育成する単結晶、液体の薬品や高分子材料などの自然を強制的に制御するのではなく自然に倣ってものを作る分野では、日本の技術は世界的に強いのである。また半導体製造装置においても露光装置以外については東京エレクトロン株式会社はじめ世界シェアを占めている多くの企業が存在する。LSIの実装装置や実装技術の一部についても同じように日本が世界の優位な立場にいる。これらは摺り合わせを不可欠とする技術であり、デジタルはふんだんに活用しているが、心臓部はアナログ的な分野である。さらには、デジタルデバイスの筆頭であるLSIの製造そのものについても実は極めて多くの摺り合わせを必要とするアナログ技術で成り立っている。

コンピュータで制御されたNC加工の機械装置がある。この機械を使用して同じ加工条件をインプットすれば同じ加工精度の品物が出来上がるかと言えばそうでもない。確かに装置の仕様限界内では同じものができる。ただ、そのような品物は誰でも作れるので競争力がない。資金の豊富な大手メーカや国策資金で装置を購入できる中国企業が最も大量生産・低コストで加工製品を供給し、市場を席捲してしまうだろう。現に今はそのような状態になっている。ところが一部の日本企業はそれとは違う。装置の精度についての仕様限界を大幅に超えて加工ができるのだ。そこには装置の入念な手入れ、加工される材料の特質、形状、加工刃物のメンテナンスなど、装置そのもの以外の多くの要因を真面目に几帳面に根気よく取り上げて摺り合わせをし、他国ではできない超高精度の加工を実現している。アナログ技術が中心部の深いところで核となっている。このことについては第六章で詳しく述べるが、光導波路と光ファイバとの接続に使用されるファイバアレイの加工ではその力を十分に発揮した。これらは、日本の企業に属する無名のエンジニアや職人が日々ストイックに実践して達成した技術である。彼らは無名であり派手ではないが無力ではないのである。このような技術やノウハウを大切にしないで、古いアナログ技術として見捨てて良いのであろうか。今こそデジタル技術を活用し、このようなアナログ的な技術を包み込みますます強くしていく戦略が日本の産業に必要であると考える。私はデジタルを否定しているのとは全く違う。デジタルの社会実装や利用分野で遅れている日本はそれを急速にキャッチアップすべきである。そのことと、日本で第二のGAFAを起こしたり、シリコンバレーの真似ごとをしたりするのとは本質的に違うと言いたい。

その観点から考えると、最近は量子コンピュータが浮上してきているが、量子も量子力学の不確定性原理によって説明されているように、粒子性と波動性の相反する性質を同時に併せ持ち、全体的にとらえなければ理解しがたいものの一種である。量子コンピュータが日本で発明された技術であるのもこれらのことに符号するかも知れない。そのバックグラウンドになっている量子物理学でノーベル賞を受賞した日本人は、湯川秀樹、朝永振一郎、江崎玲於奈はじめ多くの人がいる。量子とはその存在そのものが哲学的な内容を含んでいるが故に、矛盾を包み込んで全体的にとらえなければならない対象の一つだ。この分野も日本人の強みが生かせるところではないだろうか。

ここで、本当のところは日本はデジタル技術にも強いのではないかということについて私の感想を記しておきたい。デジタル分野で一般に対して最も普及しておりわかりやすいのはゲームの世界ではないだろうか？　元もと花札やトランプなどのアナログ的なゲームを手掛けていた任天堂が1980年代の始め頃に出したファミコンなどのデジタルのゲーム機は世界的なブームを巻き起こした。通信の分野でも現在ではデジタルコヒーレント光通信が主流になっているが、これも従来アナログ的にしかとらえていなかったコヒーレント光通信を、日本においてデジタル信号処理のLSI半導体チップを開発して、今まさに通信の世界を大きく変えようとしている。我が国におけるこのような事例は他にも多く見出すことができるだろう。つまりいずれもアナログの芯をデジタルで包むことにより成功していると私は解釈している。

話は個人的で飛躍するかも知れないが、私がそのようなイメージを抱く根底には日本の和歌や俳句、川柳などの存在がある。例えば万葉集にはよく知られている次の和歌を見ることができる。

「朝寝髪　われはけづらじ　うるわしき　君が手枕　ふれてしものを」

今から1200年以上も前に詠まれた無名の女性の作品である。この歌を目にすれば、現代の人々も、絵巻のように華麗でしかも純粋で素直な気持ちを、時を超えて呼び起こすのではないだろうか。このような歌が防人の反戦歌も含めて万葉集には約4,500首も収められているのである。歌の内容は感情そのものでありアナログそのものである。これをきっちり31文字に、それも文字数を規則の通りに順序立てて収めているのである。これはまさに1200年前のツイッターではないかと思う。ただ、ツイッターが140文字「以内」で各自の考えや感想を述べるのに対し、和歌はきっちり31文字にしなければならない。内容的にもツイッターよりずっと品があり技術的にもさらに高度で洗練されていると思える。これこそアナログ的な感情をデジタルで包んだ日本人の潜在的な能力ではないかと思う。

日本人は決してデジタル技術に弱いのではなく、むしろそのセンスは十分にあると言える。デジタル技術力が弱いように見えたり、遅れているように見えるのは、日本がデジタル技術を活用できるような社会にまだなっていない点にある。そのような状況はデジタルの技術や能力とは別のことに原因があると考える。ウォルター・アイザックソンの書籍『イノベーターズ』(11)によれば、イノベーションは科学と芸術が交差するところで生まれる。文系と理系の交わりで生まれるとも言っている。技術が遅れているからイノベーションが起こらないわけではない。社会と技術、文学と物理の公差点に巡り合えていないからDXイノベーションが起こっていないだけだ。その観点からしても日本人にはその素養とチャンスは十分にあるのではないかと思える。政治や社会の仕組みや、教育、経済状況など、技術以外の点と関連付けて変えていけば、将来は日本がデジタル先進国になるものと私には思える。

アナログ技術を核とした光ファイバ通信を最も活用してネットビジネスのモデルを創出したのはアメリカであった。そしてその中からGAFAやシリコンバレーの様々なベンチャーが生まれている。まさにガラスというアナログ技術をデジタル技術で包んだ巨大なビジネスが現在進行形で世界に大きなイノベーションをもたらしている。このような現実を謙虚に冷静に直視し、日本の強みを生かして今後の技術・産業の戦略を練るのが最も重要であると考える。

第四章　事業化への準備

●遂に開発からも離れる時が来た

私が8号棟増設部で研究開発の楽しい時間を過ごしている最中、それは1983年の冬であったと思うが、当時研究室長になっていた稲垣さんに突然、室長室に来るように言われた。何事かと思って行ってみると、君は来週から武蔵野の研究開発本部に行ってもらう、その準備をするように、との転勤辞令であった。これは私にとって全くの青天の霹靂であった。東京に転勤、それも管理部門である研究開発本部に行けば、実際の研究そのものはもうできなくなることを意味していた。私はミニプラントなどで量産技術の開発に専念した時期を過ごした後、ようやく少しは基礎的研究ができる時間を持つようになっていた矢先であった。その時のショックは大きかった。当日私の顔を見た人は、私が重大な交通事故でも起こしたのかと思えるほどに落ち込んでいたと言っていた。しかしこれは転勤の辞令であるため、私は辞令書通り1週間後に家族と離れて東京に赴任せざるを得なかった。家族はそれから2か月ほど遅れて東京都小平市の花小金井のNTT社宅で一緒に住むことになった。

研究開発本部では研究推進部門という部署で、研究所の今後のあるべき姿や技術分野の将来展望、またそれに伴っての適切な予算配分や、組織はどうあるべきかなど、かなり抽象的な命題に関する仕事になった。それはどちらかといえば技術官僚的な仕事であった。直接の上司の上には部門長がいて、さらにその上には研究開発本部長や副本部長などもいて、茨城の研究所では全く雲の上の人たちと直接に対話しなければならなかった。そして彼らは大型計算器用ソフトウエア開発や、電話交換機の開発、伝送システムなど、通信の中枢部門に属する方式系の人たちであった。まず私が戸惑ったのは、部品材料の研究者との思考方法や言葉が全く異なり、お互いにコミュニケーションが取れないことであった。そこでは、将来の通信用部品材料はどのように発展していくのかとか、光通信用部品はどうなるのかとか、LSI はどうなのかとかの将来技術予測の命題が与えられた。同時期に厚木の研究所から赴任してきていた若い山田肇氏と二人で頭を抱えて報告書作りに取り組んだ。ネットもない時代である。雲をつかむような話で説得力を持って説明できる資料を作ることは難しく、毎日ただ考えるだけで何も進展らしきものはなかった。研究所の図書館でいろいろな統計資料を読んで分析し、関連の本を何冊も読んで何とか資料を手書きでまとめて報告しても、それは本当か？　と返ってくる反応はいつも同じだった。予測なので本当かどうかわからないと言っても当然それは答えにはならなかった。そしてまた振り出しに戻り図書館と自分の机の間を往復した。光部品は、現在はレンズやプリズムを使った個別部品の寄せ集めであるが、将来これらは LSI と同じように集積化され高機能な小型の集積型光部品になること、LSI はムーアの法則に従って微細化が進むが、やがては 3 次元 LSI に移行していくこと、そしてこれらの光部品と電子部品がやがては一緒になって光電子融合部品になること、などの結論を山田さんと汗をかきながら導き出した。これらはそれから 40 年後の現在になってようやく本当のことになりつつあり、答えは全く正しかったのである。しかし、なぜそうなるのかについては、当時私は幹部にわかるように筋道立てて説明ができなかった。インターネットがない時代である。資料も手書きか、せいぜいNECの「松」というワープロソフトで書いてワイヤードットプリンターで出力した苦労の末の資料であった。幹部にはそれは本当か、本当か、と問われ続け、それを本当であると説得力を持って説明できずに私は全く意気消沈していた。自分では当然のことのように思われ、将来はこうなるしかないと思っていても、なぜそうなるかを専門外の人に論理的にうまく説明できない自分にも落胆していた。またある時は光ファイバの研究開発はうまくいったというけれど、NTTとしていくら儲かったのか、これからいくら儲かるのかを算出せよという命題をいただいた。その当時は未だインターネットは全く予想されていない時で、光ファイバは伝送装置を通じて電子交換機に接続されていた。それもまだ全面的ではなくごく一部であった。光ファイバの性能もまだ十分に活用されておらず、単に電子交換機に接続されている銅線がガラスに替わった程度で、NTTのネットワークには何らのイノベーションをもたらしていなかった。通信速度は毎秒64キロビットのISDN電話の時代であり、今のようにメール、動画、YouTube、SNSなどのサービスは何もない時代である。製造会社であれば光ファイバを販売してその売り上げと利益を算出して有用性を論じるのは可能であるが、NTTは電話サービス会社であり、それはできない。光ファイバはNTTのサービスである電話の収入とはあまりにも離れた位置にあり、間接的であると言わざるを得ない。当時もしも光通信によるインターネットの時代がわかっていたならば、電子交換機が不要になりすべてルータに置き換わるだけでも数兆円の経費節減になり、それによる新しいサービスの創出による事業収入の拡大などの議論が展開できたであろう。残念ながらそれを言うにはあまりにも時期尚早で想像の外にあった。しかもこのような問題にわずか一人や二人の素人の「シンクタンクもどき」で答えを出せるはずもなかった。

当時、研究開発本部は武蔵野通研内の1号館にあった。花小金井から武蔵野通研までは自転車道路が整備されていたので、私は自転車で通っていた。私は一種の出社拒否症のようになっていて、5段変速でスピードが出るサイクリング車に乗っていたのだが、ギアは5段目に入っていてもペダルを踏む速度があまりにも遅いため、研究所に自転車で通う他のメンバーが次々に私を颯爽と追い越していった。あの時期の、下を向いて自転車を漕ぐ私の姿が忘れられない、と既に武蔵野通研の基礎研究部に戻っていた小林壮一さんは今でも笑う。

●落第が光明になった

そのような状態を半年ほど過ごした時に、私は研究推進部門から研究渉外部門に異動になった。見かねた上司の計らいか、落第だったのだろうか。研究渉外部門は、研究所での研究成果を外部の会社などにライセンスすることや、外部企業との共同研究、委託研究、ジョイントベンチャーなどを扱う部門だった。主に部品材料系の研究成果に関連していたし、汎用的なソフトウエアも対象であった。この部門での仕事は具体的であり、「電電用語」ではなく一般用語と一般の思考回路で通用した。私はようやく何か仕事をしている気がしてきて息を吹き返した。研究開発本部に転勤になってから約半年後のことである。

電電公社は1985年4月1日に通信の自由化の流れの中で民営化され、NTT（日本電信電話株式会社）として新たなスタートを切った。通信の自由化は日本に限ったことでなく、元もとはアメリカでAT&Tの独占禁止法との関連で起こった世界的な流れであった。AT&Tは通信と通信機器の製造を併せ持った民間の巨大企業であり、過去長い間にわたってアメリカの独占禁止法との戦いをしてきた。このためAT&Tが独占禁止法違反から逃れる一つの論拠として、ベル研究所での成果は広く遍く一般に公開することを言い続けていた。1974年にベル研究所のMacChesney氏たちが茨城通研を訪れ、MCVD法のノウハウにも関連する詳しい情報を私たち若い研究者に開示していったのもその一環であった。これはMCVD法を世界中で使うように仕向け、最終的には遍く特許ライセンスをすることによって公平性を保とうという戦略であった。彼らはライセンスによる金銭的対価よりも独占禁止法による制限を回避したかったからであった。しかし、結局通信自由化の流れの中でAT&Tも分割され、ベル研究所として輝かしい研究成果を誇ったマレーヒル研究所もルーセントの開発部門になり、現在ではそれさえも雲散霧消の状態になってしまっている。

電電公社が民営化される時に「日本電信電話株式会社法」なるものが制定された。今インターネットで調べてみると、その条項には「電気通信技術に関する実用化研究及び基礎的研究の推進並びにその成果の普及を通じて我が国の電気通信の創意ある向上発展に寄与し、もつて公共の福祉の増進に資するよう努めなければならない。」と研究成果の普及の文言が記載されている。この意味するところは、電電公社における電気通信研究所は、国の機関である逓信省電気試験所から分離して発足したものであるため、研究所で生まれた知的財産は国民共通の財産である。従って民間のNTT発足後にNTTのみがその共有財産を独り占めにすべきではなく、広く遍く普及すべきであるということであった。そのために研究開発本部に研究成果普及のための渉外部門が設けられ私がその担当調査役として業務を推進することになったのである。成果普及の対象は部品材料の分野でも光関連に限らず、LSIに関連した技術、レジスト材料、有機や液晶のディスプレイ関連、半導体製造装置関連、無線のアンテナ、測定器、量子光通信、NTT研究所で実施された幅広い分野での技術成果であった。NTT研究所の成果を外部とつなぐにはNTEC（NTT技術移転株式会社、現NTT-AT）という会社が請け負っていた。私は研究所とNTECとの中間に位置していたわけであるが、研究開発本部長はじめ幹部は交換や伝送、ソフトウエアの方たちばかりであったから、仕事の内容はほとんど任されていたのも同然だった。また私の直接の上司もソフトウエア関連の研究者であったため、私の仕事にアドバイスはしてくれたが、壁になるようなことは一度もなかった。そのように願ってもいなかった恵まれた環境で、私はまた楽しく仕事を進めていった。

●またもや難問に遭遇

研究所で生まれた特許については、渉外部門とは別に情報特許部という100名くらいの大きな独立した組織があったが、特に外部企業と関連が深く重大な特許で、しかも専門的な技術にも深く関連したものの扱いについては渉外部門に仕事が回ってきた。私がこのような特許について在任中に担当し記憶しているのは2件あり、1件は住友電工から出願されていたVAD法に似た特許の扱い、もう1件は信越化学工業から出されていたNTT出願の

VAD特許のライセンス許諾願いであった。これら2件ともに悩ましい案件であった。誰にとって悩ましいかといえば、NTTとケーブルメーカ3社にとってであった。まず住友電工の特許についてであるが、今、特許庁のサイトで調べてみると、1974年12月出願の光ファイバ製造法に関する特許であり1981年に特許として登録されている。一方NTTの発明によるVAD特許は住友電工の特許出願より後の1976年4月に出願されている。住友電工の特許の登録された文面としてはVAD法によく似ており、これがVAD法の最初の特許と見なされそうになっていた。もしもそうならば、VAD法を国産自主技術として発明したのはNTTではなく、住友電工だということになる。私は住友電工の特許の「包帯」に含まれている膨大な資料を丹念に読み詳細に検討した。「包帯」とはある特許が出願されてから登録になるまでのすべての記録の束のことで、全体を包帯で結んで保存されているためそのように呼ばれていた。従ってこれを見れば住友電工と特許庁がどのようなやり取りをして特許登録になったかの経緯がすべてわかるのである。今ではこれは特許庁のサイトに掲載されている。調査した結果では、住友電工が1974年に出願した時点での特許請求範囲はわずか、5行、100文字で簡単に記載されていた。記載は具体性がなくあいまいな表現であった。このようなあいまいな表現も一種の特許作成の技巧かも知れない。そして特許が公告され、登録になるまでにはこのわずか5行の請求の範囲は2項目に分かれ、それぞれ11行で231文字、12行で261文字、合計492文字、約5倍に膨らんでいた。出願後に大幅な修正が加えられていたのである。一般に特許は出願した後に一部追記したり修正したりすることはある。ただ、それは最初の出願の趣旨から逸脱しない範囲でしか認められない。趣旨を変えずに5行の記載を23行までに拡大して記載することは珍しいことである。これほど大掛かりに追記すれば内容的に変わってくる可能性がある。変わらなければそのように大幅な追記をする必要はないからである。実際、公告時の請求範囲には出願時には記載されていなかった「微粒子の合体温度よりも低い温度」「軸方向」「円柱状のガラス微粒子体」「焼結」「任意の屈折率分布」「円柱状の透明ガラス体」などのVAD法にとって重要なキーワードが追記されていた。このような事例は特許の専門用語では「要旨変更」として通常は却下される。しかしこの特許はそのまま登録されてしまっていた。特許弁理士にも何度も相談したが、弁理士もこれは要旨変更の事例であると解釈されるが、それでも成立までに誰からも異議申請が出されておらずに特許が成立している以上仕方がない。NTTも公告期間中に異議申請しなかったのは落ち度であった。特許の審査官も人間である。人間である以上それぞれの見解が異なっていてもやむを得ない。とにかく特許は成立しているのである。住友電工の特許テクニックの優秀さとでもいう他はない。

しかし問題はその点にあるのではなかった。特許補正を行った時期が問題の本質であった。ミニプラント開始が1978年4月からであり、住友電工が特許を修正したのは1978年8月から10月の間である。私はミニプラントにおいて住友電工にその技術を細部にわたって開示した張本人である。このことは事実として証言できる。従って、住友電工がVAD技術をミニプラントで見てから後に特許に修正を加えたとも取られかねない可能性もあった。共同研究契約書においては、そこで発生した発明はNTTとの共同発明になるはずであった。住友電工の特許は、出願は共同研究開始前であるが補正は共同研究の最中である。他の2社との関係も含めて微妙に落ち着かない、気持ちの悪い状況になっていた。国産自主技術としての共通の目標を掲げて共同研究をしてきた以上、NTTや3社間で争うのは国際的な競争を考えても得策ではない。また一方では、万一諸外国からNTTのVAD特許出願時よりも先に類似の特許が出願されていた場合、防衛のためにはむしろ住友電工の特許は日本連合としては好都合ではないかとも考えられた。このためには住友電工の特許を、NTTと他のケーブルメーカ2社を加えて4社共同出願特許にするのが妥当であるとの結論に至った。私はこれらのことを研究開発本部長や、情報特許部長などに答申した。その後さらに茨城通研で共同研究をしてきたNTT幹部およびケーブルメーカ3社の幹部の検討と判断で住友電工の特許はNTTを含む4社の共同出願にすることで収まった。悩ましい問題ではあったが、このように解決できたことがまた当時の日本の強みでもあったと言える。

次の案件は信越化学工業からの特許ライセンス許諾の件であった。この許諾申し入れはその時に始まったことではなくケーブルメーカ3社との共同研究の最中から起こっていた案件であった。当時も今も、信越化学工業は塩化ビニル製造の世界的な大企業である。またそのグループ企業である信越半導体もシリコン単結晶の世界的シェアを持つ大企業である。塩化ビニルの製造工程では水素が副産物として生じる。シリコンの単結晶を製造する際には4塩化シリコンが副産物として生じる。水素はVAD法のバーナの燃焼に使用し、4塩化シリコンはまさに光ファイバの主原料となる。光ファイバのコストから考えると、VAD法という生産性に優れた製造方法ができた以上、そのコストの最大要因は材料である。光ファイバのガラスの製造工程はどちらかといえば化学プラントに類似している。これまで、通信の信号を伝えるのは金属の銅線であった。それがこれからはガラスになる。自動車産業に譬えればガソリンが電池になるようなものである。化学プラントメーカの信越化学工業が将来のビジネスチャンスを捉えようとしているのは当然のことであった。

一方実際に使用する光ファイバはガラスだけでなく、それをケーブル化しなければ実際には使うことができない。そのためには銅線ケーブルで培われた多くの技術・ノウハウが必須となる。これらは化学プラントの産業分野からは外れて、通信ケーブルメーカの所掌範囲に入る。

それでは、信越化学工業がVAD母材のガラスを製造し、それをケーブルメーカが購入して光ファイバケーブルとして敷設することはあり得るのだろうか？　それで本当にコストが下がるのか。最終製品の光ケーブルに対してガラスはほんの一部分でしかない。全体を製造して初めて産業として安定するのではないか。そうだとすれば、信越化学工業は光ファイバの原料を安くケーブルメーカに提供すれば済む話で、何も自ら製造する必要はないのではないかとも考えられた。

さらにもう一つNTTとしては法律にも絡む問題があった。例のNTTの「会社法」である。NTTが自ら発明した特許のライセンスを申し込まれた場合、A社にはライセンスを許諾してB社には許諾しないということがあってはならない、という懸念である。「会社法」には明確にこのようには記載されていない。ただ、NTTの民営化後、未だ日が浅い時期である。会社全体として、そのような不公平性をどこからか指摘されるかも知れないというおそれを抱いていた時期でもあった。

一方、コーニング社が技術を中国に供与して光ファイバの中国現地生産を始めようとしているニュースも入ってきていた。伝統的ガラス会社であるコーニング社はそれまでの民生用ガラス製品事業は他社に売却し、光通信の事業に本格的に参入しようと業態変革を行っていた。コーニング社の光通信事業に対するすさまじい意欲や本気度が伝わってきていた。今後、日本のケーブルメーカはそのような会社と競争しなければならないのだ。このような情勢の中、信越化学工業に特許を許諾することは、日本のケーブルメーカにとってどのような影響が及ぶのかを考えれば、極めて悩ましい問題を含んでいた。

VADのNTT特許が出願されてから既に約10年が経過していた。特許の有効期間は出願から20年である。光ファイバが本格的に量産になるのはこれから10年後だと予想すればその時には既に特許は無効となっている計算になる。つまりNTTが信越化学工業に特許を許諾しても、許諾しなくても10年後には同じことになってしまう。またVAD法による母材製造はNTTの特許さえ許諾されれば誰でもできるものではない。そこにはVAD法に関する数百件の周辺・改良特許が存在し、さらには膨大なノウハウの存在がある。

私は関連する数名の研究開発本部の人たちとの話し合いをした。将来の光ファイバの大量生産時を想定して、NTTとしては、信越化学工業に特許許諾した方が光ファイバケーブルを安く、安定的に買えるのか、それともケーブルメーカが一気通貫で母材から光ケーブルまで製造したものを購入した方が良いのかについて議論をした。NTTとしては国産自主技術の開発と銅線並みの低価格化を目指して光ファイバの研究開発を始めた。その点から考えると、NTTとしてはいずれの場合にも基本的には当初の目的は達成できそうであった。またVAD法の量産技術は、国内ケーブルメーカとの共同開発の結果であり、その過程においてケーブルメーカにおいても多くの関連特許が生まれている。それらの特許を含めてのライセンスでなければ、信越化学工業がVAD法で光ファイバ母材を製造することは難しいのではないかとも想定された。従って結局はケーブルメーカの意向や市場の状態の中で決まっていくのだろうと考えた。そして信越化学工業による特許許諾の申し込みから既に数年の時間は費やしており、NTT会社法なども総合的に考えて許諾はそろそろ潮時であろうとの意見に集約された。私はそのように幹部に意見具申をし、最終的には情報特許部と研究開発本部長、日比谷本社の技術開発本部などの決済によって信越化学工業へNTTのVAD法の基本特許は許諾された。

それから40年近くの時間が経過した。富士キメラ総研発刊の『2019光通信関連市場総調査』[12] によれば、2023年の世界の光ファイバ生産量は6億km以上に達する。月までの距離を約1,000往復する長さである。その光ファイバの97%以上はシングルモードファイバである。生産量1社あたりで言えばコーニング社が最大シェアを持っているが、日本のケーブルメーカも日本国内のみならず、中国で合弁会社を設立し中国国内でVAD法の母材を製造しているし、信越化学工業もVAD母材を日本国内で製造し販売しているとも聞く。

そのVAD法も40年も経てば、当時の特許は当然期限切れになっているし、技術も進化・変遷し、当時とはずいぶん異なってきているだろう。光ファイバのガラス部分の価格は昔目標としていた銅線並みの価格をさらに下回る価格にまで低下し、光ケーブル全体に占める価格比率は小さくなった。しばしば冗談に、光ファイバは「ラーメン」「スパゲッティー」の麺よりはるかに安くなったと言われる。その分、市場は拡大増加して結果的に事業性は増したためそれでよかったのではないかと考えられ、その点では、信越化学工業への特許ライセンスは一定の役割は果たしたと言える。しかし一方では、それによって日本国内で生産していてはコスト的に見合わず、中国で生産せざるを得ないという国内産業の空洞化を招いているとの懸念もある。現在コロナ禍以降のサプライチェーンが話題になっている。半導体の調達戦略とあわせて、光ファイバや今後の新しい光関連製品についても、これからは生産の国内回帰に関して、新しい視点から十分な検討を行い、次の時代への戦略を練る必要があるだろう。

●ニューヨークからの手紙

私が渉外部門で研究所での開発技術の出口戦略の個別案件の検討に明け暮れている中、それは1985年の終わり頃であったが、ニューヨークから1通の手紙が届いた。差出人は茨城通研で一緒に光ファイバの研究をしていたあの枝廣さんであった。彼はその約2年前に茨城通研からNTTのニューヨーク事務所に駐在員として転勤になっていて、NTTが民営化された後はNTTアメリカの社員として働いていた。インターネットもメールもない時代であり、連絡は未だ国際郵便やテレックスが主流であった。その手紙の書きだしは、ニューヨークのパンナムビル（現メットライフビル）の近くにあった「なにわ」という名前のうどん屋さんでの出来事から始まっていた。その手紙によれば、彼はそこで米国

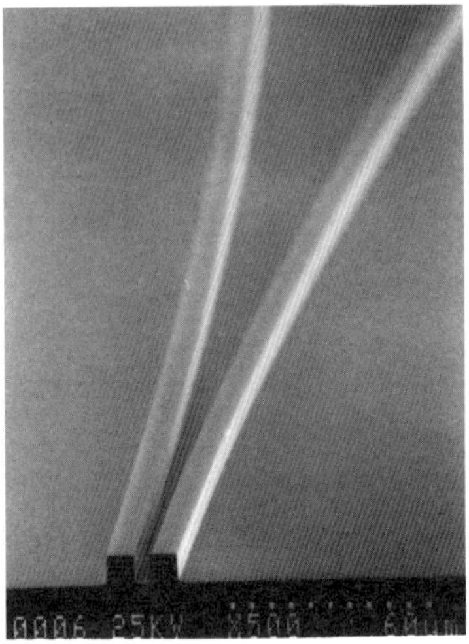

光導波路

三菱商事会社の社員と、丁度その時アメリカ出張していた、同じく光ファイバ研究の仲間である宮下さんと「なにわ」で食事をしたとのことであった。彼らはうどんだけを食べたのではなく当然酒も飲んだに違いないことは、枝廣さん、宮下さんをよく知る私としては容易に想像できた。後に親しくお付き合いをすることになった米国三菱商事会社の課長もやはり酒には相当に強い人であった。そこで話が盛り上がったのは、当時茨城通研で開発したばかりの光導波回路技術をアメリカに持ってきて事業として使える本物の技術に焼き直そうということだった。

この光導波回路とは、従来の、プリズム、レンズ、鏡などを組み合わせて一つの光学的な機能を果たすようにしたものとは異なり、それらを一体物として1/100ほどの超小型に平面的に作り付けてしまう画期的な新部品であった。特に茨城通研で開発されたのはその中でも、光が通る道筋をシリコンウエハや石英ガラス板の表面にミクロンのサイズで形成して、光が通る道筋そのものの長さや配置を工夫することによって一定の光学的機能を持たせようとするものであった。例えば、1筋の光線を4筋や8筋に分けたり、プリズムのようにいろいろな色を含む光を高精度に無数の色に分離させたり合流させたりすることができた。この場合の光が通る道筋を専門用語では光導波路と呼び、光導波回路はこの光導波路を何本か組み合わせて平面的に作り付けたものをいう。平面的に作り付けているので平面光波回路とも呼んだ。光波とは電波にちなんで光が波として伝搬することから名付けられた名称である。平面光波回路はPlanar Lightwave Circuit、略してPLCと命名されたが、PLCの略号は電気分野などでも他に多く使用されていたため、現在では石英ガラス系の光導波回路以外にはあまり使用されなくなり、より広い概念としてのPIC（Photonic Integrated Circuit）と呼ばれている場合が多い。このような光導波回路とはまさにこの1年前に私と山田さんとで将来の光部品の発展形態として研究所幹部に報告したものであった。光部品の将来の形態については、その分野の研究者ならば誰でも概念的には思いつくことである。レンズやプリズムが光集積回路（光導波回路がさらに複雑になったもの）、または光導波回路になるということは至極当然のことであったが、まだ世界中で誰もそれを実現していなかったため現実感が伴わず、あまり信用されなかった苦い経験がある。ただ、光集積回路の実現を夢見て研究をしている研究者は世界中に多くいたのも事実である。通信で使える実用的な光ファイバを最初に実現したコーニング社も1970年代に多成分ガラス中へのイオン拡散法によって光導波回路の試作をし、フランス・パリ郊外に製造拠点まで作ったことがある。VADを発明した伊澤さんもNTT入社当時の研究テーマはコーニング社と同様にイオン拡散法による光導波回路の研究であったと本人から聞いている。

以降は最近彼から直接聞いた話である。彼はVADのミニプラント構想とその準備をした後、茨城通研から武蔵野通研に異動になったが、武蔵野通研で手掛けた研究テーマはやはり光導波回路の研究であった。ただ以前の光導波回路の導波路の形成はイオン拡散によっていたが、これでは精密な加工は困難であり限界があると感じていた。このため導波回路の新たな加工方法を模索し、半導体LSI製造などに使用されているエッチング装置が使えるのではないかという発想に至った。ガラスは、ガラスを腐食する化学物質に触れさせることでエッチングすることができる。つまりその化学物質に触れた箇所だけがガラスが腐食して除去される。ガラスに腐食性の化学物質を触れさせるには液体状の化学物質を使用するウエットエッチングと気体状の化学物質を使用するドライエッチング方式がある。ウエットエッチング方式はガラスの装飾品などにも広く巷では使用されている。ドライエッチング方式は非常に精密なエッチングが可能となるので半導体加工用に使用されている。ただ、それまではこのドライエッチング方式ではガラスをエッチングする量が極めてわずかであり、数十ミクロンもの深くて高精度なエッチング加工を必要とする光導波回路に適用するのは困難であった。数十ミクロンといえば1/100mmのオーダであり普通の感覚では細かいサイズであるが、ドライエッチングにとっては極めて大きな値だったのである。それが半導体製造用に新しい装置が開発され市場に出てきて、数十ミクロンまでエッチングできるようになったのである。彼はもしもガラスにこのドライエッチング方式を採用すれば、従来の拡散法ではできなかった精密な光導波回路ができるはずであると考え、早速ドライエッチング装置を使用してガラスを精密に加工する技術開発に取り組んだ。それは彼が失意のうちに茨城通研を離れてようやく研究者としての新たな夢を描き出した頃だった。しかしその直後、彼はまたもや研究所全体の人事を取り仕切る部門である、研究開発本部の「育成部門」に異動になった。この場合の「育成部門」とは人事部のことである。私はこの前後の時期は茨城通研でVAD法の量産技術の実証実験やその後は研究開発本部での企画や渉外などの仕事に携わっていたため、光導波回路に関連した詳しい経緯についてはここに記載することはできない。ただ、当時茨城通研では宮下さんが光部品研究室の室長をして、そこに所属している河内さんたちがシリコンウエハの上にVAD法でスートを吹き付け薄い石英ガラスの膜を形成していることだけは知っていた。いずれにしても結局、伊澤さんのドライエッチングで光導波回路を作るという技術は、彼が人事部門に異動になった後に茨城通研に移管され、茨城の地で研究が本格的に進められることになった。VADの一部の部隊は光ファイバという「線」から導波回路という「面」に対象を新たにしていた。茨城ではVAD法によりシリコンウエハの上に薄い石英ガラス膜を形成し、これにドライエッチング法で光導波路をパターンニングする方法で研究を進めた。この石英ガラスの深くて高精度なエッチング技術は杉田彰夫氏が中心となって立ち上げた。ドライエッチング方式は多成分系のガラスよりは石英ガラスのエッチングに威力を発揮し、非常にきれいに精密に加工できることもわかった。茨城通研ではVAD法の

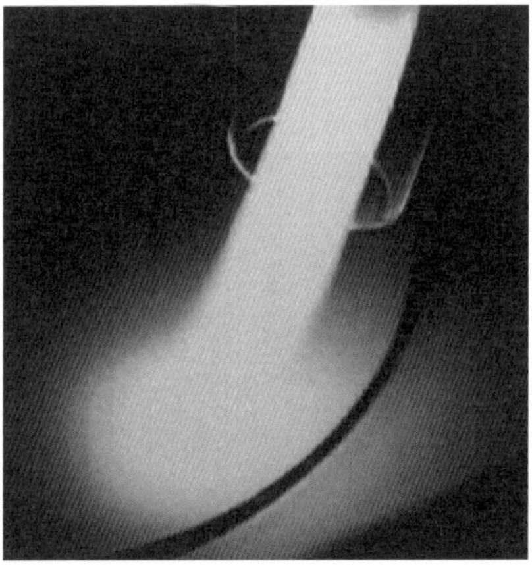

平面上にスートを堆積

発展形態として、しかもVAD法に替わる次の研究の柱としてこの光導波回路の研究に力を集中させた。その結果、私がニューヨークから枝廣さんの手紙を受け取った時には、1本の光を2本や4本に分ける分岐回路や、光をぐるぐる回して共振させるリング共振器、あるいはマッハツェンダー干渉計と呼ばれる光を干渉させていろいろな機能を発揮する回路などができていた。しかしまだその基礎的部分ができただけであり、これをすぐに実用品として使用できる段階ではなかった。

VAD法による光ファイバ製造技術の開発では、最初にVAD法が発明され透明な母材ができた後にミニプラントを発足させて、ケーブルメーカ3社も加わって徹底的に実用的な技術にブラッシュアップした経緯がある。しかし光導波回路についてはまだそれ以前の初期的な段階にあった。それを使う側、つまり光伝送方式の研究をしている側から見ると、まだとてもこれをNTTの光伝送網の部品として使う気にはならなかったようである。1984

年には武蔵野通研の周辺でINSモデルシステムの現場試験が始まろうとしていた。これは光ファイバを三鷹市のあるエリア内の家庭にまで引き込み、今日でいうところのFTTH（Fiber To The Home）類似の現場試験であった。この実験システムの中で光を分岐したり、光の波長を分けたりする部品が必要となっていたが、それには新たに開発された光導波回路は使用せず、従来通りの機械加工や研磨で作られた微小な鏡やプリズムを使用した部品が採用されていた。もちろん伝送方式の研究者たちも将来は光導波回路を使用することは想定していたが、開発されたばかりの信頼性も性能もコストも未確認の導波回路を使用して、せっかくのモデルシステム全体が万一でも台無しになることを恐れたものと思われる。研究開発の成果がこのような段階にあるのは一般的であり、光ファイバの場合にはミニプラントによってそれを商用化技術にブラッシュアップさせた経緯がある。今回も再び光導波回路版のミニプラントを立ち上げる方法もあった。しかし当時既にNTTは民営化されていて、特定メーカとの共同事業をすることは難しい状況にあった。特にGATTと呼ばれる世界的な自由貿易に関する協定があり、これを根拠にして日米の激しい貿易戦争が行われていた。丁度日本がアメリカからクレイのスーパーコンピュータを買った時期である。NTTは通信機材を調達する際には国際的な入札制度を迫られており、煩雑で非効率な手続きと、実際には経済効果が薄くリスクだけが大きい調達システムの中で未だ暗中模索に近い状況であった。従ってミニプラントを作ってもその成果を特定のメーカに渡しては面倒な議論になることは明らかであった。では遍く広く技術移転するのが良いかと言えば、その場合にはどうしても技術の経済的価値が低くなり、しかも本当の実用化の主体はNTTではなく外部の技術移転を受けたメーカになり、あなた任せになってしまうことが重大問題であった。移転により技術が本当に世の中に出ていくこともあるかも知れないが出ていかないかも知れない。そのようなジレンマを抱えていた時期に飛んできた枝廣さんの手紙であった。つまり、せっかく芽が出た光導波回路技術はこのままでは基礎技術の段階で終わってしまう、そうしないためにこの技術をアメリカに持ってきて実用的な技術にブラッシュアップしたいというのがうどん屋さん「なにわ」での構想であった。なぜここに三菱商事がいたのかといえば、三菱商事がアメリカでの非営利組織バテル研究所の日本総代理店をしていたことに関係する。バテル研究所は、乾式コピー機の基礎技術を実用化し商品化した実績を有する巨大な非営利の研究機関である。ここにNTT茨城通研で開発した光導波回路の基礎技術を持っていき実用的な技術に育て上げようという構想であった。その際にバテル研究所への単なる技術移転にするのか、または合弁会社を設立して開発するのか、日本サイドで検討して決めてほしいというのが枝廣さんからの手紙の大体の趣旨であった。

●三菱商事との出会い

私は手紙を読んでみて、これは重要で興味ある話だが、同時にかなり面倒なことになるだろうというのが最初の印象だった。NTTは電電公社から民営化されたばかりである。所謂官僚的な体質が未だ色濃く残っているのが実情であった。そのような組織ではまずは前例がないことをやるのは極端に避けられる。日の丸半導体がまだ勢いのある時代であり、今では隔世の感があるが、日本はアメリカと対等に戦える実力を持っていると見なされ、アメリカは日本を経済的には競争相手と見ていた。そのような相手に日本国の知的財産でもある光集積回路技術を移転して良いのか、そういった意見と反対者が出てくるのも目に見えていた。さらに研究開発本部やNTT本社の幹部は文科系の人か、技術系でも交換や伝送、ソフトウエアといった事業直結の分野かサービス関係の人たちである。部品材料のこまごまとした、面倒でしかも触ればリスクも伴うような案件をまともに取り合ってくれる雰囲気でもなかった。ところが、本質的な問題は別のところにもあった。それは、仮にバテル研究所が光導波回路技術を商品が製造できるレベルにまで高めてくれたとして、その先はどのようにするのかというシナリオがないことであった。結果としてこれは本当にNTTや日本にとって役に立つことなのか、研究者たちにとってはどうなのかについては、未だ深く考察する必要があるように私は思った。

その手紙の最後には、近日中に三菱商事の課長さんが私のところに訪ねてくるのでよろしく頼むと結んであった。多分その1か月か2か月後だったと思うが、私は武蔵野通研1号館2階の研究開発本部で三菱商事の人に会った。私は商事会社の人に会うのは初めてのことであったが、彼はニコニコとして人懐こい気さくな感じで現れた。彼とは、枝廣さんたちの構想は理解した、しかし今後これをどうやってNTTという巨大組織の中でオーソライズしていくのかについて話し合った。彼は元もと答えを用意していたらしく、一通りの議論が済んだ頃を見計らったかのように切り出した。彼の案は、官僚組織は上からの指示には忠実に従うはずだ、だからバテル研究所の会長であるオルセン氏からNTTの真藤恒社長に本件にかかわる手紙を出してもらったらどうかというものであった。私の研究開発本部での任期はおそらくあと1年か長くても2年である。次に部品材料の人が担当するかどうかもわからない。そうなると今のうちに本件を決着しておかないと、うやむやのうちに消えてしまうことになるだろうとも推察された。その点では時間が大切なファクターになった。結果がどうであれ時間的な制約を考えれば三菱商事の彼の提案は受け入れるのが良策であると判断した。その手紙のコピーなどの関連書類はすべて私の任期が終わった段階で研究開発本部に置いてきたため、詳細はここで述べることはできないが、それからしばらくして研究開発本部の幹部から、バテル研究所からこのような手紙が来たので検討するようにとの指示があった。私の記憶によると、手紙の内容は極めて儀礼的なものであり、バテル研究所も光導波回路の研究を行っている、NTTと協力してこの分野を発展させたいということが書かれていた。それからは茨城通研の宮下さんと連絡を取り合ってNTT社内の説得資料作りに専念した。

●NTT内部の合意は取れた

上からのトップダウンで仕事を進める時に注意すべきことは、虎の威を借りたように周りから見えないようにすることだ。そのことに注意しながら資料作りを始めた。まず幹部への説明資料に書いた骨子は、茨城通研で開発された光集積回路の技術は未だ基礎的段階であり、将来はともかくこのままでは通信に使えるようなものではない。しかし通信以外にもコンピュータ、飛行機、センサーなどの民間の汎用市場には使用可能な分野もあり、それらの市場は日本国内よりもアメリカにおいて大きな広がりを見せている。市場の大きなところで開発を進めるためにはアメリカの研究機関であるバテル研究所と協力して進めるのが適当である。日本国内での光通信用部品としては別途武蔵野通研で開発された微小光学部品があるので当面は問題ない。将来光導波回路がバテル研究所で実用的な技術に育つことになれば日本国内の各家庭にまで光ファイバを張り巡らせるFTTH普及にも貢献するだろう、というものであった。つまり茨城通研で開発された光導波回路は当面NTTにとっては時期尚早であるから一時的にアメリカに持っていくというようなスタンスであった。A3用紙一枚をほとんど図で埋める形でこれらのことを表現し、当時の城水基次郎研究開発本部長に随行して日比谷の本社巡りを始めた。私にとっては雲の上の本部長が積極的に説明に回ってくれたのは嬉しかった。NTTは当時まだ少なからず官僚組織を引きずっていたため、研究所本部長といえども日比谷本社の部長クラスにはご説明して回らなくてはいけないのだとこの時初めて実感として理解した。当時の日比谷のNTT本社は日比谷公園の前のNTT日比谷ビルの中にあった。本社では、まずNTT全体の技術の元締めである技術企画本部から説明を始めた。そこの部長や、本部長に説明しても返ってくる返事は同じだった。いつも、さらに上か隣の幹部を紹介することであった。つまり大変結構なことだと思うけれど、一度別の担当本部長に聞いてみたらどうですかというものであり、決して自分の意見は明確には言われなかった。説明の日程がなかなか取れない城水本部長と再三日比谷本社を訪れ、多くの幹部の暗黙の了解らしきものを得ながら、遂には前田浩司国際本部長、北原安定副社長にまでたどり着いた。最後は社長に聞いてみたらどうですかという答えだった。私はA3一枚の説明資料を持って城水本部長に引率されて遂に真藤社長に説明に行った。秘書に案内されて私たちが社長室に入った時、社長は机で英文の雑誌を読んでいた。見慣れない若造の私が入室したのを怪訝そうな顔付きで見ていたが、窓際の会議用テーブルに座れという合図をして自分も立ち上がった。私の説明は3分で終わった。説明の結論としては光導波回路技術をバテル研究所に移転するか合弁会社を設立して技術開発をするかは今後の交渉で決めると記載していた。宮下さん、枝廣さんを含めての私たちの本音は合弁会社を作って技術をブラッシュアップしたいというものであったが、そこはあえて書かずに両論併記にしていた。真藤社長はおそらく合弁会社案を選択するだろうという予想のもとにそのように書いておいた。社長は技術的な質問をいくつかした後に、予想通りこれは合弁会社で行けと半ば命令口調で言われた。私としてはこれで役目を果たした思いだったが、次に社長から出た言葉はまさに今後の私たちの無力さを言い当てたものであった。それは、「君たちにバテル研究所との交渉ができるかな、彼らは手ごわいぞ、独占契約を要求してくるぞ」という言葉であった。そして、あとは君たちの勉強のためだ、やってみろとも言われた。その後真藤社長は、飛行機の中はイカ飯の輪切りのようにケーブルがぎっしりと詰まっている、これが光ファイバになれば相当に軽くなるだろう、船の中も同じだとか、この技術の将来利用について熱く語った。真藤社長は技術の話になると非常に柔和な顔になって話していたのが印象的だった。こうして社長の了承を得る会議は15分足らずで終わった。

●バテル研究所、三菱商事とのすれ違い交渉が始まる

それからまもなく宮下さんと私はアメリカオハイオ州コロンバ

スのバテル研究所を訪問して三菱商事、米国三菱商事の方たちと一緒に、光導波回路の商用化にとってこれからどのようにするのが最も適しているのかについての話し合いを開始した。三菱商事からはチームリーダーをはじめ、課長さん、係長さんたちの数名が参加して通訳もしていただいた。私の記憶に今でも残っているバテル研究所のメンバーは、技術者として2名が参加し、新規事業出資の部長が責任者として全体を仕切っており、他にも数名の幹部が出席していた。私たちはベル研究所を含めて欧米人とは国際学会で技術討論として会話した経験はあるが、このような議題で話をするのは初めての経験であった。技術が理解できなければ内容が把握はできないが、技術がわかっていても全体が把握できないという状況であった。技術用語以外の単語にも聞きなれないものが多くありついていけない場面も多かった。三菱商事の人が通訳はしてくれるものの、話しているバテル研究所の人の本当の気持ちなど微妙なところは伝わりにくくフラストレーションはかなり溜まった。最初にオルセン会長などからの挨拶もあり、聞くところによればバテル研究所では研究開発とは創造的な仕事だけでなく、それを世の中に出して社会を変えるような仕事でなければ価値がないとの理念を持っているとのことであった。であるならば、光導波回路の基礎技術を世の中に出していき将来の光通信普及に役立てるならば、これこそバテル研究所の精神にぴったりではないかと感動したほどである。過去にはまさにゼロックスがその成功の典型例であると三菱商事の人が言っていた。茨城通研で創造されたVAD法を世の中に出すために設立されたミニプラントを経験した私にとっても、それは全く共感できる理念であった。私たちはこの案件はバテル研究所の意に沿うものである以上、かなり早期に決着するであろうと予想していた。

しかし実際に具体的な話になると全く逆の状況になった。まず技術者がバテル研究所の幹部の目の前で自己アピールのチャンスとばかりに自分たちの研究成果や彼らの知識の深さを示すところから始まった。彼らは私たちにとってはわかりきった技術論をバテル研究所の幹部の前で延々とやるのである。少なくとも私たちにはそのように感じた。彼らにしてみれば、幹部に技術を理解してもらわなくては正しい判断ができないから丁寧に説明しているのだという気持ちだったのかも知れない。しかしその後も同じようなアピールの場面は繰り返された。いずれにしても貴重な会議の時間はバテル研究所幹部の勉強会に費やされ、結局全く前には進まなかった。さらに出資責任者の部長は経営学的観点から新規事業の一般論を延々と講釈した。市場がどうの、競争相手がどうの、競合技術がどうのと、これもまた経営学修士の学校でやるような調子でマトリックスを書いて、もっともであるが実際には役に立ちそうにない説明をするのである。なんだ、バテル研究所の理念と全く違うではないかとあきれるばかりであった。

この案件については宮下さんが主役であった。彼はこの技術の開発元である研究室の室長であるし、合弁会社ができたら社長になってアメリカに渡りたいと明確に私に意思表示をしていた。そもそも彼はニューヨークのうどん屋さん会議に出席した経緯からして最初からそのように決めていたものと思われた。彼とは光導波回路を世の中で使えるようにするためにどのようにしたら良いかについて深く話しているうちに、バテル研究所で基礎技術を商用技術に育て上げることが必要不可欠であると私も確信した。そして光導波回路が将来の光部品の行きつく先であると認識していたため、この合弁会社を設立して稼働させることがその目的達成のために最も確実で近道であると考えるに至った。

宮下さん、枝廣さん、多成分ガラスの光ファイバを研究している高橋さんそして私は、偶然にも4人とも昭和18年（1943年）生まれの光ファイバ研究というテーマに巡り合った仲間である。宮下さんは北海道出身、枝廣さんは関西岡山県出身、高橋さんは東京都出身、私は九州福岡の炭鉱町田川市の出身で、生まれも、育ちも、性格も、方言も、考え方もかなり違っていた。しかし4人ともよく酒を飲んで議論をしていた。議論すれば意見対立も時にはあったが不思議に気が合い、また酒を飲んでは議論した。全く昭和の古くて懐かしい記憶である。だから4人とも気心は知れていた。その枝廣さんと宮下さんが企画して、宮下さんが社長になりたいと言っている以上、ぜひともこの合弁会社交渉を成功させたいと私は強く思った。合弁会社といってもその目的は技術開発である。バテル研究所が得意としており、会社の理念にもなっている基礎技術を社会に出すための技術開発である。

今回はそのための合弁会社ではないか。市場がまだ見えていないのは最初からわかっていることだ。将来は市場が立ち上がるであろうが、まだそれがどの程度なのか数値では表せないだろう。どのようなマーケティング理論を使用して市場規模を算出したところで所詮は絵に描いた餅に過ぎない。まだ完全に電話の時代であり、メールもインターネットもスマホもWindowsですら一般には誰も想像もしていない時代である。しかし光関係の技術者は技術のトレンドとしては自明の理としてわかっていた。将来必ずこのような光導波回路を使用する時代が来るであろうことを。新しい研究開発とはそういうものだ。競争相手の調査や市場を議論しても、今ガレージで開発を始めた無名の会社や人は調査対象にならない。まさにビル・ゲイツが言った「怖いのは、どこかのガレージで、まったく新しい何かを生み出している連中だ」の言葉がぴったりだ。企業であるからには儲けるのが使命であるが、今回の合弁会社はその前段階の会社である。この点で私たちNTTサイドとバテル研究所の認識は完全にすれ違っていた。バテル研究所は非営利の研究機関でありシンクタンクである。その収入源はゼロックスなどの研究開発成果や世界各国からの受託研究、調査研究が元になっている。非営利機関なのに今回の事案に対してリスクを取ろうとする姿勢が見られないのには理解に苦しんだ。ある時は、シアトルで会議をしたこともあった。シアトルにはバテル研究所の社会科学関連のシンクタンクがあり、そこではマーケティングを専門に事業活動をしているとのことであった。シアトルの会議には当時NTT本社の新規事業開発部門から及川茂担当部長他2名も加わっていた。そこではマーケティング専門の女性研究員から市場調査の仕方についての「講義」を受けることになった。トップダウンマーケティングとかボトムアップマーケティングとか、調査した数字の数学的な処理方法とか、おそらく全部教科書などに書かれている正しいことばかりであったであろうが、私には全く興味もないし到底今回の案件に役立つとは考えられなかった。市場が全くゼロの段階で会社を作ろうとしているのである。マーケティングの手法も何も意味をなさなかった。ガレージでスタートアップしようとしている起業家が市場のことをどれだけ考えているであろうか。逆に言えばそのような手法では革新的なものは生まれないであろう。リスクが大きく多くのガレージは失敗するであろうが、本来革新とはそういうものだ。それを許容しなければ革新はあり得ない。三菱商事の人の解説によれば、責任者の部長はあと数か月で定年退職になる予定であり、そのために定年まではリスクを取らずに無事過ごしたいのが本音である。従ってこのままでは前に進まないかも知れないとのことであった。それが本当かどうかはわからないが、いつまでもこのような状態に付き合っている暇はなかった。それまで想像していたアメリカの自由で先進的な精神への憧れがこの体験で崩れてしまった。バテル研究所は今や巨大な組織になってしまった。組織が大きくなるとアメリカでも日本でも結局人間は官僚的で保守的になるものだと納得した。

また、それから数十年後の今振り返って考えてみると、私たちもここで大きな過ちをしていたと思わざるを得ない。我々はなぜこの会議の交渉役にプロの弁護士かその道に明るい人を同席または委託しなかったのであろう。NTTサイドのメンバーは全員元をただせば、技術分野のただの研究者か電電公社の官僚だけである。したたかなアメリカ企業のバテル研究所と世界的な商事会社である三菱商事のプロの商社マンが出席し、言葉もすべて英語で行われる合弁交渉の会議に、NTTはド素人集団で臨んでいたのである。まるで夜の新宿に小学生か中学生が迷い込んだようなものであっただろう。真藤社長の言葉、「相手は手ごわいぞ、独占契約も要求してくるぞ、君たちに対応できるかな、まあ勉強と思ってやってみろ」がその通りになっていた。もちろん日本に帰ってからは東京の弁護士にも相談はしていたが、交渉の現場、その場にリアルタイムで専門の交渉役がいるのといないのでは全く違う。今になってそのように大いに反省もし、悔しい思いもしている。ただ、今は私の記憶を書いているのであり過去は戻せない。

以下は記憶に忠実に従って書くことにする。交渉が始まって半年が過ぎた頃、流石に三菱商事の人たちもしびれを切らしてきて、米国三菱商事の副社長にお出ましいただいた。彼は外見からして非常に強そうな印象で、交渉にはうってつけに見えた。彼はバテル研究所のオルセン会長に直談判に近い様子で迫り合弁会社設立の方向性を決めてくれた。やがて定年まぢかの部長や技術者はその後姿を見せなくなり、交渉は具体的な事項に絞ってようやく進められることになった。

合弁契約書の原案は三菱商事が作成し、それに沿って議論が進められた。以降に行われた議論の内容については特に以下の2点について詳しい記憶が残っている。1点は茨城通研で開発された光導波回路技術の合弁会社への開示についてバテル研究所と三菱商事が独占的権利を要求してきたことであった。まさに真藤社長の言葉通りの展開であった。NTTは民営化された巨大企業であり独占禁止法には敏感であった。またNTT会社法によっても特定企業にだけ研究成果を開示することにも非常に神経質に注意をしていた。このため合弁企業といえども独占契約を結んで良いのかどうか微妙な判断が要求された。逆にバテル研究所と三菱商事の論理は、合弁会社に有利なことをして他に対する競争力を高めるのが出資者の義務である。従って独占契約を結ぶべきだという論理展開になった。我々もそれは予想していたため、事前に東京で弁護士から多くのコメントをいただき考え方をまとめていた。答えは5年間の期限付き、地域限定付きの独占条項を設けることを提案して解決させた。

次の問題はコーニング社の特許の存在であった。茨城通研の光導波回路に関する特許について、それを出願する前に他者から類似の特許が出願されているかどうかを調査することは、事業を開始する上でのリスクを回避するには最も重要な事項である。一般に特許は、他者が似たような技術を使っていたらクレームをつけたり特許料を受け取ったりする点で価値があるものと理解されている。しかし実際にはそのようなケースよりも、何かの事業をしていてそれが軌道に乗った時に、どこかの会社から特許侵害をしているとのクレームを逆につけられるのを防ぐことの方がより重要になってくる。なぜならその時点で場合によっては事業ができなくなるからである。このリスクは事業を開始する前に十分な調査をして回避しておかなければならない。その観点からNTTでは外部の既存特許の存在を徹底的に調べた。その結果1件だけ怪しいと思われる特許として見出されたのがコーニング社の特許であった。これは件の光ファイバの特許とは全く別で、石英ガラスのスートを炭酸ガスレーザの光線で透明化するという漠然としたものであった。茨城通研の技術ではシリコンウエハ上に平面状に堆積した石英ガラスのスートを電気炉で透明化するというものであった。コーニング社の特許の明細書を詳しく読んでみてもそれほど抵触関係にあるとは思えなかった。しかし、バテル研究所としてNTTの光導波回路技術が合弁会社の生命線になる以上、少しでもその技術に瑕疵があることは避けるべきだと強く主張した。理屈としてはもっともであるが、その少しでものところで議論は紛糾した。要はどこまでリスクテイクをするかどうかが問題であった。技術についてはNTTに責任があるため、特許問題を完全に解決するにはNTTがそのコストを払わなければならない。バテル研究所と三菱商事はいくらリスクをゼロにしろと強く主張しても彼らのコストはゼロなのだ。宮下さんと私はNTTが契約しているワシントンの特許事務所を訪問してその是非を仰いだ。しかし結局のところ誰もコーニング社が訴えるかどうかなどわかるはずもなかったし、裁判になった時に勝てるかどうかの判定も常にグレーゾーンであった。おりしも日本では住友電工がコーニング社と光ファイバ特許で大戦線を繰り広げていた時期であった。ワシントンの特許事務所、東京の弁理士とも相談して最終的にはコーニング社に1億円のライセンス料をNTTが支払ってリスクゼロにしてこの問題は決着した。何か負けたような気にはなったがそれも仕方ないことであった。すべて光導波回路の今後の安全な航海のためである。と言ってもやはりこの件も私たちが交渉の素人集団であった点が悔やまれる。

これらの交渉をしている間に合弁会社の名前の案も出された。当時、枝廣さんは既に任期を終えて帰国していて、後任として厚木研究所のLSI技術者である家田信明氏がニューヨークのNTTアメリカに赴任していた。彼が時々契約交渉にも出席していたのだが、休憩時間か何かの合間に私の横に座って会社の名前をいくつか書きだしていた。その中の一つがPhotonic Integration Research Incorporation、略称PIRIであった。なかなかいい名前ではないかとすんなり次の会議でみんな了承したのを覚えている。紛糾せずに決まったのは名前くらいだったと思う。

これらいくつかの問題を解決して合弁契約書締結の環境が整いようやく交渉は本論に入った。そこでも今から考えるといくつかの問題があったと思えるが、当時の私にはそこまでの知恵も知識もなかった。結果的にそれが良かったかどうかは今でもわからない。

問題の第一は株式の保有比率である。新会社の株式保有比率は、

NTT49%、三菱商事31%、米国三菱商事10%、バテル研究所10%で決まった。NTTが50%以上取れなかったのは、我々が「合弁で新規事業を設立する場合、持株比率が50/50では重要案件がまとまらない、51/49だとまとまる」などの初歩的知識しか持ち合わせていないナイーブな研究者出身であったが故の問題だけではなかった。NTTとしては51%以上のマジョリティを持てば会社を第一人称で責任を持って運営しなければならない。しかし今回は外国の、それもかなり技術オリエンテッドな会社が対象である。日比谷本社としてはできるだけ受け身の立場でいたいとの意向であり50%以上を嫌っていた。また三菱商事としても随所の発言の中で、NTTに51%以上の比率を持たれると何かと官僚的、日本的な横やりが入りそうな懸念を抱いているように見受けられた。そのような各社の思惑の中で持株比率が決定された。

第二の問題は「Unanimous Agreement」条項を入れるように三菱商事が主張したことである。Unanimousとは全会一致という意味で、具体的には株式保有比率にかかわらず重要案件に対しては拒否権を発動できるという意味である。つまり会社の存続や技術の再移転にかかわるような重要な案件については多数決でなく全員一致で決めましょうということになった。これも良い面と悪い面の両方が考えられるが、特定の親会社の立場でなく新会社の立場になって考えると、特定の会社の暴走に対するブレーキになり、その意味では受け入れることが妥当に思われた。

最後はNTTから合弁会社への技術移転契約書にサブライセンス条項を入れるかどうかの問題であった。サブライセンス条項とは、移転されたNTT技術を合弁会社が別の会社にさらに移転できるかどうかについての条項である。NTTは製造機能を保有しないし、三菱商事もバテル研究所も同じく製造はできない。そうなると、合弁会社で技術をブラッシュアップしても自分で製造できないため、どこか他の会社に技術移転しなければ光導波回路は商用品として世の中に出ていけないことになる。このためサブライセンスの権利を含めて合弁会社に技術を移転する必要があった。論理的にはその通りであるが、それを無差別に許して良いのか、日本メーカへの技術移転はどうなるのか、サブライセンスは地域的にも戦略的にも行われなければならないのではないか、そのような観点からするとこの条項は問題が多かった。一方、またそれに対する妥当な解決策もこの時点ではなかった。結局 Unanimous 条項を活用して個別事案毎に株主間で検討することで議論は落ち着いた。このような議論があって現地で英文の合弁契約書と会社の定款などの必要書類の原案を三菱商事側で一通り作成した後、私は日本に持ち帰って東京丸の内の国際弁護士にレビューをお願いした。英文の技術移転契約書も NTT サイドで作成し、やはり弁護士のレビューを受けた。ただ、弁護士からは特段の問題点や重要な修正を指摘されずこれらの契約書はほぼそのままの形で決済の方に回った。本当にこれで良かったのかと不安は残ったが、後戻りすることなく私は NTT 幹部への決済書を起案し稟議の決済に回した。契約書について私は今でも反省や取り返しのつかないほどの後悔は残っているが、それはまた後に述べることにする。

こうして 1987 年アメリカオハイオ州コロンバスに PIRI 社が設立発足し、宮下さんが大いなる夢を持って社長として渡米した。同時に昔一緒に線引きをしていた坂口さん、それに線路研究部であった住田真氏の 2 名も PIRI 社員として渡米した。彼らもまた研究から飛び出したのだと思った。会社を設立するにはそれを自ら進んで運営したいという人がいなければ成立しない。要はそこに行く人次第である。特にNTTという研究所組織からアメリカの会社の社長になっていく人は極めて限られている。その点でも勇気ある彼らの選択に心から敬意を表し、ぜひとも成功させなければならないと誓った。

●複式簿記との出会い

約1年間にわたるこの合弁会社設立交渉において、本来の交渉内容そのものではないが、私にとって極めて重要で有益なことを学んだ。私はそれをその後数十年間活用し今も私の事業に役立てている。それは三菱商事の人から教えてもらった「複式簿記」というものであった。正確には教えてもらったというよりは、彼らが頻繁にその表を示して議論をしていたのを興味深く聞いていただけではあった。私は、会社は売り上げから支出を引いて残りが利益になり、その引き算がプラスだと黒字、マイナスだと赤字になる、それだけのことだと思っていた。家計簿もそうであるし小遣い帳の付け方も同じである。つまり単式簿記である。ところが、三菱商事の人が出してきた合弁会社の将来の試算表は一部家計簿的なものを含んではいるもののその意味合いは全く異なっていた。それは家計簿的な損益計算書と資産や負債などが表現されたバランスシート（貸借対照表）と、そして現金の出し入れをわかるようにしたキャッシュフロー計算書の3点からなっていた。しかも驚いたことにその3種類の表が全く生き物のように連動しているのである。一つの表の中の数字を変えると他の表の数字も連動して変わった。簿記の初級を習った人には全く当たり前のことで何を驚いているのかと思うかも知れないが、私は大変驚いたのである。例えば、売り上げが大きくその分大きな利益が出ていたとしても、そしてバランスシート上の資産は増えて一見健全な会社に見えても、売り上げ代金の回収が遅れ、仕入れへの支払いのタイミングなどによってはキャッシュが底をつき倒産しそうになることが、3 種の表が連動して数字で正確に表現されることにまず感動した。黒字を維持しながらキャッシュが底をつかないように設備投資をするにはその額とタイミングはどのように決めたら良いのかとか、そのための借金はいつくら必要かなどをこの 3 つの表で決めることができることにも感激した。しかも計算間違いをすればそれはすぐにバランスシートを見ればわかった。つまりどこかで間違えばバランスしないのである。それは一種のヴァーチャルな会社経営シミュレーターであった。面白くて私は一人で楽しんでいたが、なぜこうも正確に 3 つの表が連動しているのかのその原理については 10 年以上の長い年月解けなかった。わかったようでわからなかった。それでも非常に美しく論理的な表であると感じていた。これは会計学におけるニュートンの方程式みたいなものだとも思った。ノーベル経済学賞に値するものとも思った。この複式簿記の発明者は不明で、多分 14～15 世紀頃のベニスの商人たちあたりではないかと言われているそうである。書き物として最初に発表したのはイタリアのルカ・パチョーリとかいう人であったらしい。私はその後この 3 つの表をエクセルの表計算ソフトで作成し、多くの局面で使用して役立ててきた。1998 年に NTT エレクトロニクスの工場を建設して光通信部品事業を拡張した時にも、そこを退職して自分で小さな会社を作った時も、そして現在もこのエクセル表を十分に活用している。今では私の財産みたいなものになった。これについては私の会社のホームページを通じて連絡をいただければいつでも誰でも使うことができるようにしている。これから起業しようとしている人や今後の事業展開を予測しようとする人に少しでも役に立てばと思う。

ただ、あくまでもシミュレーションであり世の中はニュートンの方程式のようには進まない。このことも私は後に十分体験した。ただ、予測していない様々なことが起こるであろう遠い将来の予測はともかく、この表を活用すれば事業運営の杖のようになることは確かである。杖を使っても遠くはわからないが、少なくとも足元の状態はわかり安全に歩くことができる。その点でも私は重宝している。合弁交渉における瓢簞から駒のようなものだと思っている。昔から起業で成功するのは千三つと言われている。千人が起業したとして 3 人だけが成功すると意味である。これが正しければ残りの 997 人は路頭に迷うことになる。企業が倒産するのはキャッシュがなくなった時である。借金であっても資本金であってもとにかくその時点で必要なキャッシュが残っていれば倒産しない。シリコンバレーのように倒産時のバックアップや、エンジェル投資家や、失敗した起業家に対する復帰環境が整っていない日本においては、技術者といえども経理的な最低限の知識は身につけておくことが必要かと思う。私はこれから起業する人に対してぜひこの複式簿記のエクセルシミュレーターを活用されることをお勧めする。

●研究所の再編

アメリカでの合弁契約交渉を続けている最中に、私は日本ではもう一つ別のプロジェクトに組み込まれていた。これまでNTTの研究所は、武蔵野、横須賀、厚木、茨城の場所毎の組織体になっていた。しかし段々と研究内容が場所によらず各研究所にまたがって進めなければならない局面が増えてきていた。NTT民営化に伴い、研究所の経費をどこが負担するのかについても会社全体として議論がなされていた。このような背景で、研究所の組織を場所毎に分けるのではなく機能毎、分野毎に編成しなおすべきだとの議論が起こり、そのためのタスクフォースが組まれた。部品材料について特に光通信部品に関連した分野については私と山田さんが担当した。私はまた2年前に所属していた研究企画推進部の人たちとも一緒にこのタスクフォースの業務を担当することになった。そして多くの関係者と種々議論した後、光通信用部品や材料についての研究は、厚木通研に半導体レーザ・非線形光学材料を研究する2つの研究部を設置し、茨城通研には光導波回路と新しい光材料を研究する部を設置する案を提出した。研究所の本部は茨城に置き、研究所名は光エレクトロニクス研究所としてタスクフォースの案として提案し了承された。

1987年の秋、新研究所体制が発足し、私はようやく研究開発本部から解放されて研究所に戻ることになった。戻る前に私の人事を握る研究開発本部長からどこの研究所に行きたいかと聞かれた。私は茨城に戻りたいと即座に答えた。本部長は本当にそれで良いのかと不思議そうな顔で言った。茨城とは東京から見たら行きたくない場所のようであった。とにかく今でもそうかも知れないが、茨城に限らず東京から離れるのは都落ちなのである。私は元もと九州の田川市という炭鉱の住宅で生まれて育った者である。そこから私の人生は始まっているのだからいまさら東京も茨城もなかった。場所がどこであろうと、自分がやりたい仕事があるところに行くだけという気持ちであった。だから本部長から本当に茨城で良いのかと再度聞かれた時に、茨城が良いですと自信を持って答えた。実は個人的に茨城に戻ってまた昔のように研究生活をしたいという思いとは別に、私はどうしても茨城の光導波回路研究室に行かなければならない理由があった。

第五章　光導波回路のミニプラント

●新規事業のアフターフォローは誰がやる

NTTが民営化された後にまず大きな問題となっていたのはその社員の多さであった。確か全国で30万人程度いたのではないかと記憶している。この人員整理と電話料金の値下げが絡められて、NTTはもっと合理化すべきという意見が政府や社会から強く出されていた。このためNTTでは新規事業の子会社を多く立ち上げて社員を出向や再就職させることによってNTT本体の人員削減を図ろうとしていた。本社に新規事業開発室を設置して次々に新しく会社を設立し人員削減を実行していった。もちろん新規事業は人員削減だけを目的としているわけではなく、企業としての多角化を図るとともに何かとお役所的なカルチャーと批判されていたNTTからの脱皮も狙っていた。研究所もその流れの例外ではなく、研究開発した技術を核として新会社に自ら出向または再就職していくのは新しい時代の研究者の生き方だとされ、研究所を上げて奨励し歓迎された。当時はいくつもの新会社が設立された。しかし一方では、研究開発本部の中では、新規事業を設立するのは結構なことであるが、会社となれば収支が問われる、本当にそれは大丈夫なのかと心配する声も多くあった。そのため本部内で話し合って決めたのが、新規事業を設立するにあたっては必ずその会社の「幹事元研究所」を決めるルールを作ることであった。そうすることによって、新しい会社の経営に問題が生じた場合や、そこに出向していった人が困った時などには、幹事元の研究所が面倒を見ることになり、千三つとも言われる新規事業の成功の確率を上げようとした。また無責任にあるいは逃避的に新規事業を作ることに対してのブレーキの役目にもなった。私も研究開発本部に在籍していた時にこのルールを決めたグループの一員であり、特に親友の宮下さんがPIRIの社長になってアメリカに行く以上、私が「幹事元研究所」の担当者を引き受けるのが当然であるとの思いであった。

1987年に私は茨城の光エレクトロニクス研究所の光導波回路研究グループのグループ長として復帰した。宮下さんの後を引き継いだことになる。私としてはVAD法のミニプラントや8号棟の高速線引きを経験した懐かしい場所と雰囲気であった。しかしそこに戻ってみると、地下1階地上4階建ての大きなビルが既に建っていて、ミニプラントの部屋は壊されて跡形もなかった。正面玄関の位置も変わっていた。真藤社長が茨城通研を訪問した時に部品材料研究は重要だから新しい研究棟を建設して強化するようにと指示を出したことがきっかけとなって、まさに鶴の一声で建設された。私は、丁度1986年頃に研究開発本部で研究所予算に関係する仕事もしていたので、茨城通研が建物新築と設備に2年間で約100億円投資することを知っていた。そしてその結果を見るのはこれが初めてであった。茨城通研はそれまでは他所の研究所に比べて建屋は見劣りがして2階建ての兵舎みたいなものが6棟並列に並んでいた。8号棟だけが4階建てのコンクリート作りのビルだった。以前高速線引きをするために増築した部分も含まれる。新たに大きなガラス張りのビルができて、ようやく先端の研究所らしい雰囲気が出てきたように感じられた。この建物は地下1階地上4階建てで11号棟と呼ばれた。地下には立派で広いクリーンルームが備えられており、光導波回路の研究が強化され設備も整備されていた。そこには円盤状のシリコン基板にVAD法に似たやり方でスートを平面状に堆積させ電気炉で透明化する装置や、リソグラフィーと呼ばれる写真露光装置とその部屋、ドライエッチング装置、洗浄装置、精密切断装置などが所狭しと並んでいた。それはさながら半導体LSIの製造ラインの小規模版のようであった。光導波回路技術はまさに光ファイバの製造技術であるVAD法とLSI製造のリソグラフィー技術が合体した技術である。ここでは光導波回路のチップ製造について種々の研究が行われることになっていた。次に私は11号棟の2階に行ってみた。そこは光導波回路チップの性能を測定する部屋になっていて、ここでも光スペクトラムアナライザーや光スイッチなどの高額な測定器が所狭しに並んでいた。光導波回路研究グループの所掌範囲の部屋の残りは研究員の居室であった。ところが私はここで非常に疑問を感じた。チップに光ファイバを接続するための装置も、それを置いている部屋またはスペースがどこにもなかったのである。そして実際にチップの現物はいくらでも机の上に転がっていたが、光ファイバが接続されたチップは1個も見当たらなかった。またそれを研究している研究者には一人も会わなかった。私は河内さんに聞いてみた。彼は伊澤さんが武蔵野通研で研究していた光導波回路の技術を改良して茨城にて初めて光導波回路を実現した研究者である。河内さんはガラス基板を半導体LSIで使用しているシリコン基板に替えることで成功したのである。従って彼は茨城にて光導波回路を初期から実際に担当して実現した人で、その技術を最も知る研究者であった。彼の答えは、導波路と一緒に、やはりリソグラフィー技術で光ファイバの直径と同程度の幅の溝を掘ってそこに光ファイバをはめ込めばそれはできるというものであった。しかし、実際には光ファイバは125ミクロンの直径があり、光導波回路に125ミクロンまたはその半分の62.5ミクロンの深さの溝を掘ることは至難の業であった。元もとLSI用のリソグラフィー装置は1ミクロンとかそれ以下の深さの溝をシリコン基板上に形成するために開発されたものである。光導波回路ではこの装置を約8ミクロンとか10ミクロンの深さにまで拡張して使用していた。これを60ミクロンとかそれ以上の深さにすることにはかなり無理があった。光ファイバをフッ酸に浸して化学反応によってガラスを細らせ、浅い溝にはめ込む方法も試されていた。これらの方法はどれも実験的には可能かも知れない、しかし工業的にはとてもできないと私は直感した。外国の研究機関から別の方法もいくつか提案されていたが、光導波回路のチップを実現しているのはNTTの研究所のみであるため、それらは単なる空想でしかなかった。日立電線株式会社では炭酸ガスレーザによって光ファイバを光導波路に溶着する特許が出願されていた。しかしこれも基板がシリコンの場合には熱が逃げてしまい、ガラスが溶ける温度にまで到達しないため採用することはできなかった。当時、光ファイバと光導波回路の接続についてはあまり進んでいなかった。それは誰かがそのうちやってくれるだろう、またはそれはNTTの基礎的分野の研究者の仕事ではない、メーカの仕事だ、などという考えの人たちも多くいた。それはある観点からは確かにそうかも知れないが、別の観点、つまり光導波回路を必ず世の中に出して社会に役立てるのだという観点に立てば、全く逆の考えにならざるを得ない。光導波回路が本当に使えるものだと世の中に示すには、まず自分自身で光ファイバを付けるところまでやって見せなければならない。しかもさらに重大なことに、既にPIRIという会社が設立されて、仲間がアメリカに渡ってしまっているのである。曲がりなりにも光ファイバがつながっていなくてアメリカで活動ができるのだろうかということが、極めて大問題であると思った。まさにこのことは私が茨城通研に戻って最初に受けた驚きであり、ショックであった。ただ、だからこそバテル研究所のPIRI社への共同出資者としての存在意義があるのだとも思いなおした。バテル研究所はNTTの基礎技術を商用化技術に立ち上げるために合弁契約書に署名した。契約書の前文がそのような書きだしで始まっていたのを今でも覚えている。光導波回路のチップ製造を実験室的でなく工業的に行うための技術開発、そのチップに光ファイバを接続して商用品として売れるまで技術を高めることを期待していたはずだ。私は不安感を残したままであったがバテル研究所への期待感も持った。

茨城の光導波回路グループには武蔵野の基礎研究部から小林さんが赴任してきていた。彼にとっては伊澤さん、川名さんと一緒に1970年代に赴任してきたから2度目の茨城であった。私はバテル研究所が光ファイバの接続に力を出してくれることを期待しながらも、茨城でもそのバックアップもかねて何らかの開発をするべきだろうとの思いから小林さんに相談した。二人で何日も黒板を前にブレーンストーミングをした。そして出した結論は非常にローテクな方法であった。光導波回路は写真製版技術に似たリソグラフィー法で導波路を加工する。だからその精度は1ミクロン以下と極めて高い。電気配線は2本の金属線を接触させれば電気が流れてつながるが、光ファイバと光導波路をつなげるにはそのコアと呼ばれる直径10ミクロンにも満たない部分を1ミクロンのずれもないように正確に合わせなければならない。つまり千分の 1mm の精度が要求される。しかも複数本の導波路と複数本の光ファイバを同時に接続しなければならない。このため私と小林さんが考えた方法は、何らかの材料の基板に精密な機械加工で溝を複数本掘り、そこに光ファイバを入れて整列させて、導波路の端面を合わせて接続しようというものであった。全く芸がなく真面目に精密な機械加工で整列させた光ファイバとリソグラフィー技術で、元もと精密に整列している光導波路を接続する方法である。私たちはこの時点では光ファイバを整列した部品は「ファイバブロック」と呼んだ。この部品がコバール金属でできていて、いかにもブロックのように見えていたからである。後年には使用材料などの修正はあったが、原理的にはこの方法と同じものが「ファイバアレイ」として世界に広く普及することになった。当時その方法を知ったある人が、その人は茨城の光導波路に光ファイバを接続させるのはまずできないだろうと日ごろから否定的な意見の人であったが、その方法はずるい、整列したものと整列したものを合わせれば接続できるのは当たり前ではないか、そんな方法はない、そんなことを研究するのはばかげている、と言ってわけのわからない非難を浴びせられたこともあった。世の中には当たり前のことがちゃんとできなくて困っている事例はいくらでもあるのだ。実際その方法を試してみた人はまだ世の中に誰もいなかった。

私は再び「ABC 理論」に従ってその当たり前の方法を試してみることにした。接続用の材料としては金属のコバールを使用することにした。理由はコバールの熱膨張係数がガラスの熱膨張係数に近く、温度が変動しても接続点が膨張したりずれたりする程度が小さいと考えたからである。コバールの高精度の金属加工は東北の北日本電線株式会社に依頼した。光導波回路チップ端面をコバールではさみ、一方ではコバールの基板にスライサーという高精度な機械でV溝を形成し、そこに光ファイバを整列させたファイバアレイ（当時の呼び方ではファイバブロック）を作り、両者をYAGレーザで溶接する方法で接続してみた。レーザ溶接はこの時既に半導体レーザの光をファイバに入力させる箇所などに一般的に使用されていたからである。しかし結果は芳しくなかった。何度繰り返してもレーザ溶接する瞬間に両者の位置がずれてコア同士の位置が合わなかった。そうこうするうちに2年が過ぎ小林さんは本人の希望でPIRI社へ出向することになった。このため光導波回路チップに光ファイバを接続して完成品にするための研究は一時宙ぶらりんの状態になってしまい、バテル研究所の合弁契約書の精神に頼る他はない状態になった。

●手のひら返し

1989年にはNTTを取り巻く環境がかなり変わってきた。特に研究所での新規事業や、新しい会社作りに対しての風当たりが全く逆の方向になってきていた。それはリクルート事件をきっかけにNTTの真藤恒会長が職を解かれたことが大きく影響していた。新規事業は端役に追いやられつつあり、新会社の設立は難しくなった。既に設立した会社は収支決算が厳しく問われ始めた。研究開発本部の幹部も総入れ替えになった。新しい幹部は特に新会社の損益を問う経営を求めてきた。研究開発本部に関連した新会社はいずれも研究所開発技術を核としてスタートしている。技術は優れていても市場がまだない、これから市場を作っていくとか将来の市場に備えて設立した会社が大部分であった。設立後わずか2、3年で損益的に満足のいく結果が示せるはずもなかった。多くの研究者が、自分たちの開発した技術が本当に世の中で評価されるのか、評価されるようにするにはどのようにすれば良いのかなどと真面目に考え、志を持って出向していった。そして当時の研究所、研究開発本部の幹部たちもそれを奨励し、新規事業への出向者たちを称えていたのではなかったか。損益が最も大事であるならば経費節減のためには何もしないのが一番であろう。現在でも、損益を最も重視する会社は、部屋の蛍光灯を消して回って、出張費を削り、開発費を削減し、およその行動パターンは決まっている。かなり儲かっている会社でも開発費を削減することは頻繁に起こっているが、これは現在の日本企業の大問題であるとも言える。短期の損益を気にしだしたら開発はできない。開発費を削ればすぐさま損益は好転する。しかしそれでは将来は暗い。バランスシート、キャッシュフローも考慮した上での開発投資の考え方が必須であろう。Googleも、テスラも、アマゾンも初期的には赤字経営を相当長い期間続けてきた。これだけとってみても日本からGAFAが出る可能性は少ない。赤字でも資金供給ができるだけの環境、キャピタリストや目利き者がアメリカに比べて著しく乏しいのが日本の現状である。話はそれてしまったが、私の記憶では幹事元研究所の担当者は四半期毎に研究開発本部に呼び出されて、PIRI社の損益を報告しなければならなかった。当然PIRI社の収入はほとんどゼロで支出は莫大だった。挙句には、会社とは儲けるためにあるのではないのか、何のために会社を作ったのだとか、つい数年前とは逆に手のひらを返したような叱責のあらしであった。このような手のひら返しやはしご外しは世の中ではよくあることだと聞いていたが、それは本当にあることだと身をもって経験した。ただ、とにかく私は研究開発本部という組織とは相性が悪かった、相性が悪いのだと思うようにした。逆に茨城の研究所とは相性が良かった。そこにいると私は心も落ち着き、技術討論をグループの人たちと激しくやり合い、現場に入れば生き生きと仕事をすることができた。

●研究所における士農工商

光導波回路は国産自主技術の光ファイバ製造方法であるVAD法と半導体LSIのリソグラフィー技術が合体したものである。それは何を意味するかというと、製造工程と製造装置はどのような部品を作る場合にも同じであり、違うのはただリソグラフィー（写真製版用）のガラスマスクが異なるだけということになる。ガラスマスクは昔のフィルム写真におけるネガフィルムのようなものである。ガラスマスクは設計によっていかようなパターンを描くことも可能である。つまりどのようなパターンを描くかによって製造装置や製造技術は同一でもできてくる部品は全く異なるのである。これは製造と設計の分離をもたらす。製造屋と設計屋の分離をもたらすといっても良い。この点が従来の光部品と本質的に異なる点である。このような概念は半導体LSIの特徴である。LSIにおいてはどのようにそれを作るかよりも何を作るかが重要になっていた。光導波回路技術も同様で、何を作れば良いかが製造よりも重要になってきていた。私は研究開発本部で厚木通研のLSIの組織についても検討しなければならなかったためLSIについてもかじった程度ながら勉強していた。研究開発本部とは相性は悪かったが大変勉強にもなった箇所でもあり、感謝もしている。このため光導波路回路技術の特徴を私なりにLSIとのアナロジーで解釈し、あることに気づいた。それは茨城では製造は地下室の立派なクリーンルームで高度な装置を使って日々研究しているが、設計については設計専門の人たちが銘々の机の上の処理速度の遅いパソコンを使用して個人的に行っていたに過ぎない。これまで実現していた光導波回路は、光のパワーの分岐・合流回路、超小型ミラーを物理的に挿入して波長を分けたり合わせたりするハイブリッド型の部品、光の周波数を分離するマッハツェンダー干渉計、リング共振器などであったが、これらはいずれも新しい概念のチップではなかった。すべて、マイクロ波やミリ波導波管のサイズを千分の1程度に縮小して光の領域に焼きなおしたものであり、専門家の間では昔から知られているものであった。何か新しい部品を創出しなければ、せっかくのVADとLSIの合体技術が効果を発揮できない。それにはまずは設計用の高度なワークステーションを導入すべきだと考え、1988年の研究グループの予算のうちからかなりの部分を割いてそれに当てた。設計室も銘々の机でなく11号棟4階に広い部屋を確保して設計に専念できる環境を整えた。

1990年になって後に光導波回路のヒット商品の一つになるAWG（Arrayed waveguide Grating、光の波長を正確に精密に分離したり合わせたりする部品）が発明された。これはその後のインターネットの到来とともに光通信の分野では極めて重要な役目を果たすことになった。また後にNTTエレクトロニクスにおける私の事業分野での大成功と大失敗の原因ともなった部品である。ただ、このAWGの発明に関してはワークステーションの新設でできたのではなく、西功雄氏の存在と彼のインスピレーションの寄与によるところが大きい。茨城通研には材料関係の研究者が多かったが、珍しく彼は無線関係の研究者であった。

話はそれるが、時々、地球サイズの巨大な電波望遠鏡で遠い宇宙の銀河を観測したというニュースが流れることがある。これは実際には世界中の複数の電波望遠鏡を連携させ、電波の位相を制御しながら仮想的に巨大な電波望遠鏡としたものである。専門用語ではフェーズドアレイアンテナとも呼ばれる。この知識を光の領域に持ち込み、LSI の正確な加工技術によって光の位相を制御して光の波長を 100 万分の 1mm 以下の精度で分離することが可能な部品を実現したのである。ワークステーションでの本格的な設計の前に彼の発想がなければ AWG は生まれなかったといえる。発明の芽はコンピューターの中ではなく人間の脳の中にあった。このAWG は PIRI 社にその後マスク渡しで設計データを含めて技術移転することになった。

湯之上隆氏によれば(13)、LSI の世界には士農工商の階級があるという。研究所から量産工場までに階級が作られているといえるらしい。LSI の設計が「士」、半導体チップ製造が「農」、パッケージングが「工」、営業（マーケッティング）が「商」に相当するとしている。この観点からいえば、まず光導波回路の設計は「士」である。「農」はチップの製造の階級であり、「工」は実装をする階級で、具体的にはチップに光ファイバを接続してユーザが使用できる光部品にすることである。これがなければ製品は完成しない。研究所においては「商」の階級について未だ考えが及んでいなかった。このため当時、私が次にやるべきは「工」の階級を作ることであった。

なお、それから数十年後に士農工商の序列は逆転した。現在で

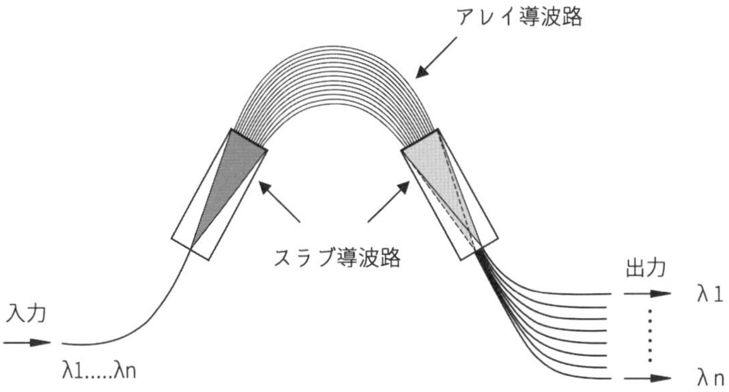

AWGの概念図

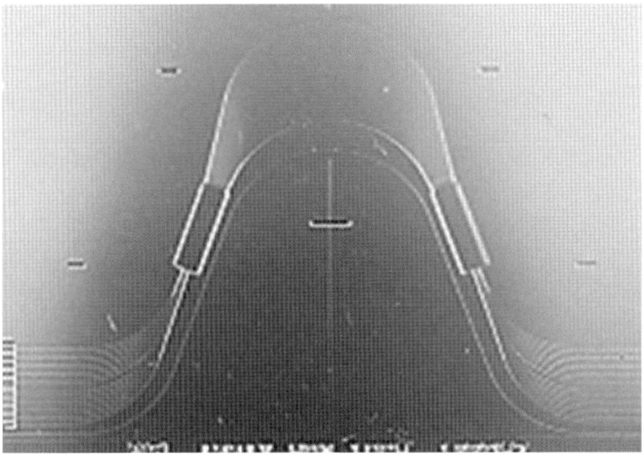

AWGチップ

は「商」つまりマーケッターこそが日本のLSI産業発展に最も不可欠な階級であり、マーケッターの情報を元にそこから開発をスタートすべきだとも言われている。

第六章　研究部所属の町工場

●町工場で何が悪い

PIRI社が設立されて3年が経過した。バテル研究所は場所の提供、排ガス処理やクリーンルームなどのユティリティの提供、総務、経理の分野やアメリカで日本人社員が暮らしやすいように配慮して各種のサービスについては十分に貢献していた。しかし本来の基礎技術を商用技術にブラッシュアップしようという合弁契約書の目的についてはほとんど寄与がなかった。導波回路チップ製造技術については、NTTから多くの研究員が入れ代わり立ち代わりコロンバスを訪問し新しいノウハウも含めて詳細な技術を伝えていった。だからむしろNTT研究所との共同開発に近い状態になっていたのである。また合弁会社が始まってからよくよく付き合ってみると、バテル研究所には実態としてこの光導波回路技術を商用技術に立ち上げる、特に「工」の階級の要員も見当たらず、またその力もないように私には感じられた。一方、研究所で始めた光ファイバを導波路に接続する技術も完成には程遠く、完成品としての売るものがないのである。だからPIRI社の売り上げはほとんどゼロに近く、研究開発本部からの叱責にも近い問い合わせは増大し、雲行きはかなり怪しくなってきた。一方、光伝送システムの研究所ではいよいよ光ファイバを日本全国の各家庭にまで張り巡らせる構想、光加入者システムが具体化しつつあった。今でいうところのFTTH（Fiber To The Home）である。そこに光導波回路部品を導入することができれば、研究者としては最大のやりがいを感じることができ、研究グループ全体の士気も上がるものと期待していた。

ところが私は1990年になって光複合部品研究部の部長を命じられた。それまで内田直也氏が部長であったが、彼が古河電工の光エレクトロニクス研究所長になって退職していったため、その後任になった形であった。これまで10数名の研究者グループのまとめ役であったが、急に60名以上の研究者のマネージメントを仰せつかったことになる。研究のマネージメントについてはいろいろなやり方があるが、マネージメントと称してあまり個別の研究内容に干渉すると研究者の自主的な発想や思考を妨げることになり、逆に全く放置してその方向性がバラバラになっても良い成果は出てこない。基本的にはそのバランスが難しく、研究マネージャーがいつも悩むところである。これらの事柄は長らく研究所に身を置いてきた私としてはこれまで多くの先輩たちから聞かされてきたことであり、そのことに留意して研究部の運営をしようと考えた。そのため、基礎的研究で今すぐ実用化を要求されていないテーマとすぐにでも実用化しなければならないテーマを分けて運営することにした。今すぐ実用化しなければならないテーマは当時二つあった。その一つは光コネクタの開発であり、これは杉田悦治氏をグループ長として順調に推移していた。もう一つのテーマは言うまでもなくPIRI社に関連したものであった。中でもPIRI社がチップ販売のみでは事業展開ができない以上、どうしてもチップに光ファイバを接続する技術が必要であった。ところがこれについては喫緊の課題であるにもかかわらず、まだ技術開発が始まってもいなかった。バテル研究所に対してその技術開発を期待して待っている場合ではないと感じた。その時間がなかった。この頃には事業化には必須の技術分野を人任せにしたのが間違いであったと気づくようになった。現状を静かに眺めてみると、やはり重要で必要なことは自らやるしかないのだと心に刻んだ。

光加入者システムでは1本の光を32本に分ける部品が必要とされていることは当時からわかっていた。この部品とは、電話局から各家庭に1本ずつ光ファイバを敷設したのでは大変なコストになるため、電話局からはまず4本の光ファイバを敷設し、各家庭の近くの電柱や分岐点でさらに8本の光ファイバに分ける部品である。これで光ファイバとその敷設コストを節約して4×8で合計32家庭に光信号を送ることが可能となる。この分岐のために使用するのが光スプリッターと称される部品である。光スプリッターはAWGのように複雑で高度な部品でなく、チップも小型で多数のチップを比較的容易に製造することができるため、私はまずこの部品に光ファイバを接続することを重点に進めようと考えた。部長になってからは、部内の予算内であればかなりの裁量権が与えられていたため、私はこの光ファイバ接続技術の開発に特別の予算を付けた。開発といってもこれについては特に一般の研究者はあまりやりたがらない開発テーマであった。仮に開発に成功したとしても世界の学会誌に論文発表できるようなテーマではなく、まさにローテクに属する分野であり、これまで研究者が避けてきたテーマであった。私は、研究部の中から希望者を募り部長直轄のプロジェクトチームを編成して開発を進めることにした。1990年のことであった。幸い応募に応じてくれたのは、宮さん、吉沢鉄男氏、塙さん、日比野善典氏、山田泰文氏、木村さんであった。宮さんはあの0.2dB/kmの究極的低損失光ファイバを1979年にMCVD法で実現した研究者であり、塙さんはVAD法の初期の頃からその製造を担当してきたベテランのテクニシアンである。ミニプラントでも活躍した。吉沢さんは手先の器用なこと、ものづくりのための創意工夫にたけている点で仲間の評判が高く、日比野さんは快活で積極的になんでも前向きに引き受けてくれる未だ若く有能な研究者であった。山田さんは光導波回路にレーザなどを取り付ける仕事を粘り強く行ってきた経験があり、木村さんは高速線引きで被覆材料を開発し大いに貢献した経験がある。皆それぞれの分野で力を発揮したいと自発的に申し出た研究者たちであった。この中には博士号を取得している者も含まれていた。実験の準備をし、データ整理などもするために、さらに女性を3名加えた。柴崎智世氏、今野谷幸子氏、野口薫子氏である。3人ともまだ20代前半で視力も良く根気もあって、光ファイバを精密に扱うには大きな戦力になることが期待された。これらのメンバーで、研究とは言えないが光導波回路を世の中に出していくにはどうしても必要で欠くことのできない光ファイバ接続の技術開発を始めることにした。場所は11号棟の3階に1部屋を確保して作業机や棚を揃え小さな町工場のような体制を作った。この部長プロジェクトについては純粋な研究とは程遠いものであったため、他の研究者からの評判は良くないのではないかと心配もした。NTT研究所内に町工場のようなものを作って優秀な研究者と予算を割り振ることに抵抗を感じる人もいたかも知れない。しかし私はVADのミニプラントを通じて町工場の人たちの実力を十分に見てきた。彼らには大いに助けてもらった。研究と町工場は別物ではなく私の中では連続体であり親和性が十分にあった。町工場的であろうがなかろうが何としても光導波回路チップに光ファイバをつなげなければ世の中では使えない代物でしかないのだ。

接続装置の問題点は数年前に小林さんと一緒に開発していた頃にわかっていた。従って今度は、三鷹の株式会社雄島試作研究所に依頼して、YAG レーザでコバール金属を溶接した時に位置ずれが生じないように注意して設計し試作してもらった。部長プロジェクトメンバーに与えた目標は、毎日光加入者用の 8 分岐の光導波回路チップに 8 本の光ファイバを束ねてコバールで包んだファイバアレイを YAG レーザ溶接することであった。期間は 10 か月、とにかくひたすら作って問題点を徹底的に洗い出す。特性の良いものを作るようには指示せず、現在の技術がどの程度なのかを明確にするのを目的にした。このようにして部長プロジェクトはスタートした。

スタートして 2～3 か月もすれば大体の様子はわかってきた。まず一日に 3～4 個しか接続部品ができないこと、YAG レーザ溶接では溶接した瞬間に千分の 1mm 程度のオーダであるが位置ずれが起こり、光が光ファイバから光導波路に伝わらないことなどがその典型的な結果であった。それでもメンバーはいろいろとジグを工夫したり、条件を変更したりして接続の実験を続けた。かなりつらい仕事であったと推察したが、11 号棟 3 階のその部屋に行くと時々笑い声もして意外に楽しく接続の仕事をしているように見えたのが救いであった。

これでできなければこの方法は根本的に変えなければならないと思っていた。その変更の候補は、YAG 溶接をやめること、コバールで部品を包むのをやめることであった。第一にコバールは高価な金属であり、将来の光加入者に使用するにはあまりにもコストがかかりすぎる。それは最初からわかっていたのであるが、他に方法が見つからなったため、まずはコバール/YAG溶接の組合せで始めたのである。もしもこれをやめれば、残る方法は一つであった。溶接の替わりに接着剤を使用すること、コバールの替わりにガラスを使用することであった。

接着剤を導入することの是非については、たまたまファイバ接続とは関係ないところで私は情報を得ていた。それはシアトルにあるボーイング社のジャンボジェット機の組み立て工場を見学した時のことであった。PIRI社をアメリカに設立する時に、その対象とする市場は電話網の光通信用ではなく、航空機内部の配線やスーパーコンピュータの配線用、またはセンサー用をターゲットとしていた。これらの市場は日本よりもアメリカにおいてはるかに大きいため、アメリカに設立するというのがそのストーリーであった。実際にボーイング社では、「Fly by Wire」から「Fly by Light」をスローガンにして航空機の軽量化と高性能化を両立しようとしていた。三菱商事はこの情報を元に、PIRI社の光導波回路を紹介するためのアレンジをして、私も宮下社長と一緒に三菱商事に引率されてシアトルのボーイング社を訪問した。そこでの営業活動は具体的には進まなかったが、工場見学の時に驚いたことがあった。それは、ジャンボジェット機の機体は翼などの主要部はもちろんリベットで止められていたと想像するが、機体の軽量化のため多くの箇所に接着剤で固定する方法が採用されていたことであった。航空機のように絶対的な安全性が要求されるものに接着剤で固定されている箇所が多いのには驚いたのと同時に、それでは高い信頼性が要求される光部品に接着剤を導入するのも可能性としてはあるのではないかと考えた。当時は、光が通過する箇所にエポキシ樹脂があるのはご法度であった。エポキシフリーが要求されていたのである。特に海底に敷設される光ファイバにおいて、光ファイバを接着剤で接続してはならないという原則があった。万一接着剤が剝がれたら海の底から光ファイバケーブルを引き上げ修理しなければならず膨大なコストと時間がかかるからである。これは光通信の関係者のほとんどの共通認識であったため、逆らうことは最初からあきらめムードの感じであった。だから私はボーイングのことは知っていたが、まずはYAG溶接で接続しようとしていたのである。この方法がダメならば接着剤方式を採用するしか残された方法はないと考えていた。むしろ、接着剤方式に踏み切るには、逆にYAG溶接の方法を徹底的に追求してダメな結果を出すしかないのだと考えていた。このため私はプロジェクトを稼働させながら一方では、接着剤／ガラス方式の準備も一人で進めていた。そのための装置として株式会社東京精密のスライサーを1台購入して、11号棟ができて以来空き部屋が多くなった昔の2号棟2階に設置した。また接着剤は硬化速度が速いUV接着剤と紫外線ランプを準備した。研究部長が現場の研究主任がやるようなことを勝手にしていたので、さぞ変な部長と見られていただろう。そのような状況の中、YAG溶接方式でもう少しの経験を積み重ね、後悔のない形で白黒をはっきりさせたいためにプロジェクトを継続させた。

●本物の町工場との出会い

茨城県東海村周辺には原子力関係の企業も多いが、日立製作所や日立電線関連の中小企業や町工場も多く存在していた。その中の1社に檜山工業株式会社があった。檜山工業も日立電線を主要な顧客として発展してきた会社である。その会社の社長であった檜山巖氏がある時私を訪ねてきた。プロジェクトのメンバーの一人である塙さんから紹介されてきたのだという。研究所と檜山工業とは全く取引がなく初対面であった。塙さんは茨城の出身であるため近くに知人友人が多く、おそらく間接的に紹介をしたものと推察された。檜山社長はNTTで将来のためのものを開発しているらしいと聞いてきた、技術的な内容はわからないが、協力できることがあればぜひ協力させてほしいとのことであった。私は、部長プロジェクトでは研究者たちに町工場の職人さんのような仕事をさせていた。彼らにとっては得意な分野ではなかったし、精神的な持続性にも問題があることを私は十分に承知していた。ここにもしも町工場の人たちと一緒になってプロジェクトが推進できればお互いに得るものがあり、相乗効果によって早く技術が完成するのではないかと考えた。また、仮にプロジェクトで技術開発ができたとしても、それをどのようにして生産ラインを構築し世の中に出していくかについては未だ明確なストーリーを持っているわけではなかった。光導波回路チップは導波路理論を駆使した高度な設計技術と、多大な設備投資とノウハウが必要となる製造技術によってしか実現できない。一方光ファイバの接続関連は精密機械加工と組み立て工程の組合せで実現可能であり、設備投資もチップ製造よりは少額で済む。このため、当時直感的または漠然と抱いていた将来イメージは、導波回路チップはインテルのCPU（Central Processing Unit: コンピュータの中央処理装置でその心臓部）に相当し、ファイバアレイはCPUの配線に相当する、であった。チップはNTTの関連組織で製造する、チップ製造については労働集約的な工程でないため研究者でもマッチング度は高く、付加価値も高いと思われる。一方、ファイバアレイ（ファイバを高精度に整列させた部品。光導波回路と外部の光ファイバを接続するのに使用する。以前はファイバブロックと呼んでいた）とそれを使用した光ファイバの接続は多くの会社で広く実施してもらい、市場の拡大とともに大量生産で低価格化を可能とするべきだと考えた。檜山工業がその先鞭を切ってくれれば私の将来イメージに合致し有難いことであると思った。しかし私はまず檜山社長にリスクについて正直に話した。今研究所で行っていることは、将来の光通信に向けたある種の部品開発である。その部品の心臓部は既にできている、ただ、その心臓部にはまだ血管が接続されていない、つまり光ファイバが接続されていない。これでは外部とのやり取りができず使い物にはならない。私たちは、このために光ファイバを接続する技術とその部品であるファイバアレイを開発しようとしている。ただ、この開発が成功して光ファイバが接続できるようになっても、この光部品が将来産業的に使用されるかどうかはわからない。さらに光通信は将来的には銅線に置き換わっていくだろうが、それがいつなのかどの程度置き換わるのかも現段階では何とも言えない。従ってこの開発には多くの未確定要素が存在し、必ずしも儲けにつながるとは限らないと詳しく語った。そして最後に、もしも失敗の方向になれば檜山工業としてはおそらく半年で5000万円程度のお金を捨てることになりますとはっきりと具体的に言った。次に私は、現在研究者たちにはあまりふさわしくないと思われる仕事をさせている。檜山工業が協力してくれるならばそのカルチャーが参考になり彼らも助かり私としても有難い、と言った。檜山巌社長は私の話を一通り聞いた後即座に答えた。檜山工業も昔、海とも山ともわからない仕事を先代の社長が引き受けて今のように大きくなった。事業とはそのようなものだと心得ている、ぜひ協力させてほしい。万一の時の損失は覚悟していると言った。私はもう一度、5000万円も損失が出るリスクがありますが本当によろしいですかと念をおし、それでも彼が首を縦に振ったのでプロジェクトは檜山工業との協力で進めようと私は決心した。檜山巌社長は、体格ががっしりした、誠実な感じの人であり信用できるとも思った。

●禁断を破って接着剤を使用

それからすぐに私はYAGレーザ溶接とコバールの使用を中止させた。そしてUV接着剤とガラスを使用して新しいファイバアレイを開発しようと決心した。実は当時ファイバアレイという名称もなかった。ガラスの材料は耐熱ガラスのホウケイ酸ガラスを使用した。ホウケイ酸ガラスとは商品名はパイレックスガラスと呼ばれ、グラタンのお皿などにも使用されている一般的なガラスである。このガラスは熱膨張係数が光導波路の基板であるシリコンに近い。このため熱によって伸び縮みしても位置変動が少なく、また紫外線も透過させるためUV接着剤の硬化にも適しており、ファイバアレイに使用するには良い材料であろうと考えたからである。ガラス基板に精密にV溝を形成するためには、かねてから2号棟に用意していた東京精密のスライサーを使用することにした。この機械のオペレーションは檜山工業の作業員にお願いした。ファイバアレイの組み立て室にも檜山工業から数名の作業員を派遣してもらい、机や棚を工場ラインのように並べなおし効率的に組み立てができるようにした。ファイバアレイと光導波回路の接続には雄島試作研究所製のYAG溶接に使用してい

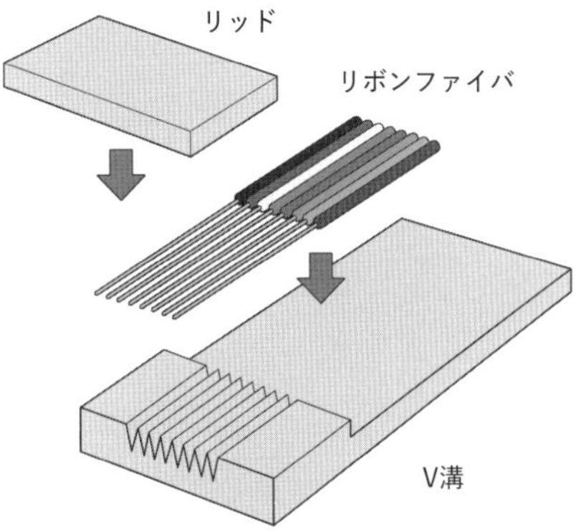

ファイバアレイの組み立て

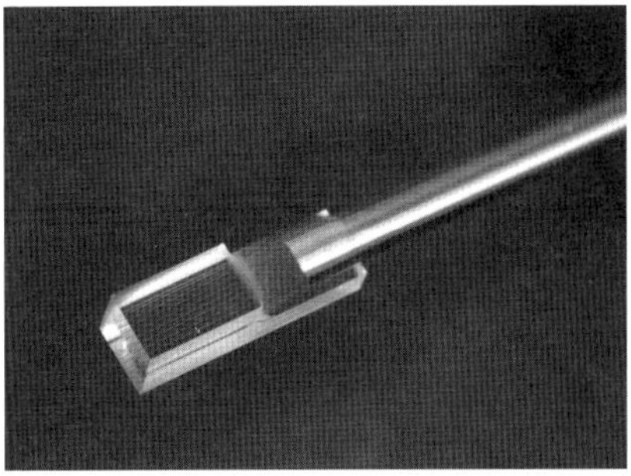

ファイバアレイ

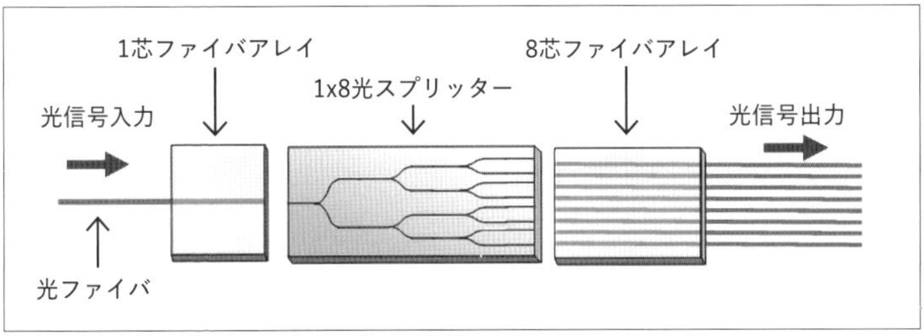

光スプリッターとファイバアレイの接続

研究所内の町工場風景

た機械をそのまま使うことにした。こうしてガラスを使用した新しいタイプのファイバアレイ開発と、接着剤を使用した光導波回路と光ファイバ接続技術の開発は本格的な町工場スタイルでスタートした。

まずファイバアレイの寸法は縦2.5mm、横2.5mm、長さ8mmとし、先端に光ファイバが250ミクロン間隔で8本、V溝を使用して整列させる構造とした。また光ファイバの間隔はこれとは別に当時同じ研究部で別のテーマで研究していた小口泰介氏の考案による、127ミクロンのアレイも用意した。これは光導波路の集積度を上げてチップサイズを小さくした低コストのバージョンに使用するためである。250ミクロン間隔のアレイをノーマルピッチ、127ミクロンのを狭ピッチファイバアレイと呼んだ。この寸法のファイバアレイはそれから30年後の今でもほとんど変わらずに世界市場に広がっている。光ファイバが折れないように工夫した構造も付加し、端面を 8 度に傾斜研磨して接続点での反射を防止する構造とした。実際にガラスでファイバアレイを組み立ててみると、金属を使用した時とは全く違っていた。まず非常に軽くサイズも小さく表面は光沢があってきれいで、これならば光導波路にふさわしい感じがした。光ファイバが精密に整列している様子がガラスから透けて見えて、それはファイバブロックではなくまさにファイバアレイと呼ぶのにふさわしいものであった。光導波路に接続しても位置変動は発生せず接続損失は 0.5dB 以下と低く、今後の可能性には大きな期待が持たれた。その後 1～2 か月は小さな改良を加えながら試作を続けたが、すぐにでも使えそうなファイバアレイが出来上がったような雰囲気になってきた。やはりガラスは光導波路や光ファイバと相性が良かったのか、プロジェクトは急速に進展した。筋の良い技術はこうしたもので、すんなりと目標を達成できる時が多い。

しかし楽観は禁物で、ガラスのファイバアレイを本物にするには避けて通れない関門があと 1 個あった。それは光導波路と光ファイバの接続点で光が通る道筋にエポキシ樹脂の接着剤が入ることによる業界での認知である。この認知を可能とするためには環境試験データを示す必要があった。当時新しい光部品はベルコア規格と呼ばれていた標準試験法によって信頼性試験を行うことが定められていた。ベルコアとは AT&T が分割された時に、ベル研究所から分離した組織である。現在ではこれはベルコア規格ではなくテルコーディア規格となっている。ベルコア規格には試験をする時に使用するサンプルの数や数十項目にも及ぶ試験項目とその条件などが細かく定められていた。最も厳しかった規格項目は、11 個のサンプルを、85℃で 90% の湿度を保つ雰囲気の槽に入れて、5,000 時間放置して損失の変動を観察する項目であった。5,000 時間は 200 日以上に相当する長い時間である。信頼性評価の装置は以前、光ファイバ強度の信頼性試験に使用したものが残っていてそれを使用することにした。信頼性試験をするリーダーには新しくプロジェクトに加わった山口真史氏が担当した。彼は通信用人工衛星に搭載するための超高効率な太陽電池材料の研究をしていたため、信頼性試験についての知見を持ち合わせていた。既に太陽電池の研究は終了していたため、このプロジェクトに加わったのである。彼の最終目標はすべてのベルコア規格をクリアした 8 分岐光導波回路部品のデータを取得し、それを和文と英文のレポートにすることであった。プロジェクトでは早速数百個のファイバアレイを試作した後、それを 8 分岐の光導波回路に接続した。さらにその外側を軽いアルミニウムの小さなケースに入れて封入し、将来の光加入者、FTTH での使用を想定した完成部品を製作した。この時点では確か基礎研究部から転勤してきた中込弘氏も加わっていたと記憶している。彼もまた基礎研究部にて光ファイバや光導波回路の研究に携わってきた優秀な技術者であった。これら一連の開発はすべて前例のない初めての経験であったため、ここでも小さな問題はいくつも発生した。しかしその都度町工場の力を発揮して乗り切ることができた。まさに博士号取得者を含む研究者集団と町工場の現場で仕事をしている現役の作業者との融合、ガラスのファイバアレイとガラスの光導波路との合体、すべてがうまくいくような感じであった。

信頼性試験が進行している間、私は国内の複数の電線メーカを訪問して光の通り道にエポキシ樹脂系接着剤を使用している部品についての印象を聞いて回った。最初に訪問したのは日立電線であった。日立電線は日立市にあり東海村からも近く、何人かの研究者とも前から知り合いであった。また日立電線でも接着剤を使用しない方向で光導波回路の研究を独自に進めており、そのために炭酸ガスレーザでガラス同士を融着接続する方法も開発していた。私は、光導波回路に光ファイバを接続する方法は何種類もあると思うが、将来のFTTHでの使用を考えると、どの方法も大量生産向きでなくコスト的にはとても合わないと考える。これまで光の通り道に接着剤を使用することはご法度と言われてきたが、海底ケーブルでない限りそれはないのではないか。特にFTTH用にはUV接着剤とガラス製のファイバアレイを使用するのが唯一解であると私は考えるがどうでしょうか、と切り出した。接着剤がご法度である業界に対しての挑戦であるため、彼らが明確には答えられないことは最初からわかっていた。しかし、彼らも炭酸ガスレーザ接続でその問題点を十分に把握しているはずであり、ある程度は私の考えにも理解を示すかも知れないとも期待していた。1時間以内の会合であった。当然のことであるが明確な答えはないものの、逆に明確なあるいは強い否定的な意見や示唆もなかったため、私はこれで良いと思った。今の時点では誰も判断はできないのが当然である。誰かがリスクを取ってそれを実行すれば、そして運が良ければそれがデファクトとして商用になるかも知れないだけのことであった。他のケーブルメーカ1社も訪問したが、同じような結果であったためそれでこの件は終わりにした。

●いよいよ世界にデビュー

やがて過酷な温度湿度環境下で5,000時間もの長い間部品をさらす試験も終わった。1991年の秋になっていた。山口さんは信頼性試験結果を100ページ以上の分厚い報告書にまとめた。同じデータを使用して英文での報告書も作成した。私は、それを早速PIRI社の宮下社長に送った。ガラスのファイバアレイと接着剤を使用した接続技術については開発の途中で既にPIRI社に開示していたため、PIRI社においても光導波回路の実装品の作製は可能の状態になっていた。もちろん極めて少量の製造ではあったが。三菱商事はその時期にヨーロッパのいくつかの会社からPIRI社の光導波回路について興味を示す会社を把握していた。それはベルギーのブルッセルとドイツのデュッセルドルフのケーブルメーカであり、そこへの訪問を企画してくれた。私は、英文の長期信頼性の報告書を携えてPIRI社の宮下社長と三菱商事の人に同行するため現地に行き合流した。宮下社長は、ベルギーのケーブル会社で光導波回路技術を紹介し、各種のチップ部品とその機能について詳しくカラーのOHPで示した。最後に接着剤で光ファイバと接続された光導波回路部品の長期信頼性のデータも詳細に示した。ドイツでのプレゼンテーションも同じように行った。光導波回路が技術としてではなく、また将来の可能性としてではなく、現実の部品としてデビューした最初の会議だったと記憶している。会議に参加した人たちからは、それがドイツであったかベルギーであったのかは忘れたが、床を踏み鳴らす足踏み音を送られ最高の評価を受けたのを記憶している。

余談にはなるが、ベルギーのブルッセルではホテルメトロポールに宿泊した。そのホテルのチェックアウトの際にホテルロビー

ソルベー会議の写真（ホテルメトロポールの絵葉書）

に何やらモノクロの写真が飾ってあった。近づいてよく見るとそこには、キューリー夫人、アインシュタイン、ニールスボーア、マックスプランク、ローレンツ、ウィーン、ポアンカレー、ゾンマーフェルト、ドブロイ、クヌードセン、ラザフォード、ランジュバンなどの名前が記載された集合写真であった。日本人の長岡半太郎の名前も見られた。写っている全員が大学で物理の教科書で習った時に出てきた著名すぎるほど著名な科学者たちであり、なんという写真かと驚いて感動もした。これは1911年に開催された第1回のソルベー会議であり、量子論についての国際会議であったとも説明されていた。ホテルのフロントの係に話しかけてみると、この写真のコピーの絵葉書きを販売しているとのことで、私は早速それを買い求めた。考えてみればVADのミニプラントに従事して以来、私はおよそ物理学とは縁遠い仕事ばかりをしてきた。今もそうだ。この写真を見て改めて自分が物理学と遠く離れてしまったことを感じた。このような写真が既に私にとっては一つの観光風景に過ぎなくなってしまったことにも寂しい気がした。しかし、それも私の平凡さ故のことであり、そのような自分でも何か世の中に役に立てることがあるならばそれで良いのではないかとも思った。そして、凡人でも仕事ができるのは、このような天才たちのおかげだとも思った。この絵葉書きは帰国後光導波回路研究グループ員の目につきやすい箇所に貼って何らかの刺激になるようにした。

それから数か月経過してもベルギーとドイツの会社からは何も連絡はなかった。ヨーロッパではまだFTTHを含めて光通信について話はしているが、現実の問題ではなかったらしい。光導波回路に光ファイバを接続してケーシングもしてすぐに使える部品に仕上げても、将来PIRI社の顧客になりそうなところから連絡がないことは、今後のPIRI社や光導波回路のビジネスにとっての大なる不安要素になった。ただ、それは今から思うと、単に夜明け前の暗闇でしかなかった。

●ミルクで育てる

1992年の2月、光エレクトロニクス研究所の所長として伊澤さんが茨城に赴任してきた。1978年にミニプラントの稼働を前にして彼が茨城通研を去った後から14年ぶりであった。私としてはかなり前のことではあるが、7号棟での線引き装置やVADミニプラントなどについて多くを学んだ人であるため、大変歓迎すべき状況であった。今度は、PIRI社の経営状況支援と光導波回路の商用化について私の研究部は大きな問題を抱えており、ぜひとも伊澤所長の助けを必要としていた。助けのサインは所長の方からやってきた。私は所長室に呼びだされ、PIRI社の状況と問題点、そして今後の光導波回路の商用化についての詳しい説明を求められた。研究開発本部からはPIRI社の損益状況について毎度の叱責を受けており、何らかの対策が必要であることは明らかであった。何らかの対策と言っても、アメリカでもヨーロッパでもものが売れないことには手の施しようもなく、所詮は売り上げの問題であった。PIRI社でもアメリカの研究開発機関や通信会社から試作品として単発的な受注は取ってはいたが、とても会社の損益に影響を及ぼすような額ではなかった。さらに当時PIRI社はバテル研究所の内部からコロンバス郊外の貸し工場に移転して操業していてその家賃も相当なものであった。PIRI社の取締役会には三菱商事から高原靖常務がアドバイザーとして出席していた。彼が取締役会の席や会議の前後に必ず発言することは、出来立ての会社にはミルクを飲ませなければならない、ミルクを飲ませてある程度育てなければ一人前にはならないという内容であった。高原常務は、元NTTの研究開発本部長であり、私どもNTTの社員には三菱商事に移ってからも心情的にはOBとしてなお大きな影響力を持っていた。私たちはいつもそれをお説教のように聞いていたが、技術的支援は光ファイバの接続技術や信頼性データの報告書の送付など最大限のミルクは提供しており、営業的にも協力していた。あと残るミルクとはお金そのものであるが、これはとてもできる相談ではない。私には研究費以外には決済の裁量権はなく、親会社から子会社への贈与になりそうなことは絶対にしてはならない。所長はこれらすべてを承知の上で何か手はないかと私に話を振ってきたのであった。問題のない方法でしかも研究所にとって意味ある方法でPIRI社の売り上げを上げる方法を考えようという目論見であったと思う。所長室で長時間話し合った結果、PIRI社にはチップ設計、製造技術とファイバアレイ製造技術、それにチップとファイバアレイを接続する技術は渡っている。しかし、PIRI社の社員は全員研究者であり、ファイバアレイ製造と接続を、町工場体制を作って規模拡大して行うことはできていない。一方、光導波回路のチップの製造については基本的にはリソグラフィーであるため生産性が高く、研究者でもかなりの量をこなすことは可能である。しかも今後のことを考えると今のうちにチップ製造の歩留まりや精度の限界などについてNTTとしても実績データとしてつかんでおく必要がある。このような作業を研究者に強いるのは適当でないため、その点でPIRI社を活用できないだろうかということに集約されてきた。私は具体策を練って、FTTH用のスプリッターと、WINC（Wavelength Insensitive Coupler）と呼ばれる光部品のチップを試作発注する案を提出した。WINCは光ファイバが故障していないかどうかを、光回線を普段通り使用した状態で検査可能とする部品であり、近々にNTTの光の電話事業で使用されようとしている部品であった。この時所長と決めた案は、これらの部品のチップ製造において、製造条件を一定にしたらどの程度の歩留まりで仕様を満足するものができるのか、製造条件がどの程度変動したら歩留まりと特性はどのように変化するのかなどのデータをPIRI社を通じて取る案であった。歩留まりデータを取るには少量ではできない、同じものを繰り返しかなりの量製造しなければならない。丁度VADミニプラントでやったのと同じようなものだ。チップ製造プロセスはLSI類似の工程であるため長く、そのため1トライには高額の費用が必要になり、それに検査データなども付けるとさらに高額になった。結局、所長からは年間数億円のPIRI社へのチップ試作発注を指示された。顧客が本来の一般の外部企業ではなく親会社のNTTであるため、PIRI社としては本当の意味での業績向上とは言えないが、売り上げは立つのでひとまずその損益状況は相当に良くなるはずであった。そして実際に1992年から急激にその状況は改善され、研究開発本部から幹事元研究所への連絡も沈静化していった。

第七章　光導波回路の日本回帰

●やはり自分でやるしかない

1993年になり各家庭にまで光ファイバを使用した通信方式がいよいよ到来の観になってきた。光エレクトロニクス研究所では多数の光ファイバを任意にしかも瞬間的にその光の通路を変えることができる光スイッチや、AWGの高性能化などの高度で新しい部品研究が進展していた。これらの部品研究には新規に製造装置を投資する必要があった。また、設計や光ファイバ接続にも数十名の専門的な研究者のリソースが今後はさらに必要であった。近い将来に光通信が本格的になってきた時点で現在研究しているこれらの高度な光導波回路の商品化をどうすれば良いのか、現実的な問題として迫ってきていると感じられた。PIRI社がその受け皿になり得るのであろうか？　そうなれば一つの解ではあるが、今後の設備投資額、技術移管の方法、アメリカでの製造要員の確保、何よりもチップはともかく光ファイバをチップに接続してケースに入れたモジュール品を量産的に製造することは不可能に近いように思えた。本来バテル研究所が持っていると想像していた力、つまり基礎技術を商用化技術に高める力には期待できそうもなかった。バテル研究所は元もと製造会社でもなかった。そうであるならばPIRI社での量産を想定した製造・販売のストーリーを組むことは到底できないのではないかと思われた。また人的な交流において地理的に日米の距離の障壁もあった。現在のところPIRI社に期待できるのは、やはりアメリカでの関連市場の生の情報、一次情報を得ることが一番大きいのではないかと思われた。

ではNTTが今後使うであろう光導波回路部品は、どこの誰が提供するのか、その答えを出すのが1993年時点では最も重要であると考えた。このことはPIRI社設立前の段階から問題視されていたが、アメリカでの会社設立という研究所始まって以来の派手な企画に隠れて置き去りにされてきていた難題であった。そのためにはやはり国内に新たに製造会社を作る必要がある。日本で使用する先端的な光部品は日本で製造するのが理にかなっていると思われた。これはこの数年間の実際の経験で得た私の結論であった。

当時研究所関連の国内の会社は、研究所技術を外部企業に移転する事業をしているNTTアドバンステクノロジ（NTT-AT、元NTEC）と、半導体のLSIの設計、試作をメインに事業展開しているNTTエレクトロニクステクノロジー（NEL）の2社があった。他にも研究所関連では他企業との合弁会社がアメリカとカナダに1社、国内に1社あったが、いずれも経営的には不安定であり、一時の新規事業熱も冷めていたため新たに会社を設立するには研究開発本部やNTT日比谷本社への詳細な説明や時間をかけた説得を考えるとうんざりするばかりであった。このため私は部品製造を手掛けていたNELの庇を借りて、まずはその内部組織として小さくスタートし、損益の見通しが出てきた段階で新会社として独立させるのが現実解ではないかと考えた。伊澤所長にはその必要性と妥当性、試案の概要を11号棟3階にあった所長室に出向いて話した。所長は、内容はわかったが、それで誰がそれをやるのだと問うた。私は、当然自分がやりますと答えた。彼はしばらく考え込んでいた。当時、研究所から子会社に行くことはどちらかと言えば格落ちと見なされていた。NTTの研究者が

「歳頃」や「適齢期」になれば昔は関連企業への就職、大学の教授などへの転職が主であった。しかし、時代も変わり外部企業や大学への転職はほとんど可能性がなくなり、将来の行先に不安を抱えながら過ごしている研究者も多かった。それでも子会社には行きたがらない雰囲気もまだあった時代である。子会社というだけで拒否ベースの印象だったのである。だから君は本当にそれで良いのかと伊澤所長は私に聞いた。私は昔上司であった枡野さんから聞いた言葉を思い出していた。枡野さんは次のように言っていた。「ある人事異動が良いのか悪いのかは発令した時点ではわからない。異動先でその人がどのようになるのかで決まる。その人が頑張ってハッピーになればその人事は良かったことになる。逆もまた然り」。この先どうなるかはわからないというよりもこの先を決めるのは自分だと思った。だから即座に、それで良いです、と私は答えた。私には親会社も子会社もなかった。私はただ、やりたいことをやるだけだという気持ちだった。なお、厚木の研究所にいた都築信頼氏はその1年くらい前からNELの化合物半導体事業部に在籍して研究所向けに半導体レーザの試作などを請け負っていた。伊澤所長と私は11号棟3階の会議室で、都築さんからNELの会社状況や雰囲気なども聞いて最終的な確認をした。その後伊澤所長は当時のNELの鈴木敏正社長に話を持っていき、NELに光分野の独立事業組織を作ってくれるように頼んだ。まず1993年秋に宮さんを研究所への往復切符を持った身分で出向してもらい8号棟の2階にNEL茨城分室を設けた。そして私は1994年の4月にNTTを退職し、念願のNELに片道切符で就職した。

●電話とデータの逆転

NELでは暫定的に光部品事業推進部という名前の組織を新設し、そこの部長として新しく仕事を始めた。事業部になることができるかどうかまだわからなかったため「推進部」と名前を付けてもらった。NELは、超LSIの黎明期の頃、64キロビットのメモリを世界に先駆けて実現した豊田博夫氏[14]（元武蔵野通研所長）が1982年に設立した会社であり、通信用の超LSIの設計・試作を事業としていた。このため光についてはそれまで事業対象にしていなかったが、まずはこの光事業推進部が茨城にできたことによって今後光事業も含めて事業を開始することになった。当初の仕事は、光スイッチやAWGなどの光導波回路部品のチップ試作とそれにファイバアレイを接続してケーシングし、完成品として販売することを主体にした。スタート時点の陣容は部長プロジェクトに参加していたメンバーを中心にして派遣社員を入れて約10名で、場所は茨城の11号棟1階の研究所の間借りで、まだ仮の姿であった。チップ製造については、NELにはまだ専門的な要員が不足していたため、NTT研究者との共同作業または最初はお手伝い程度であった。ただ、この時チップ製造の研究と設計をしていた研究者たちのほとんどは、その後NELに就職してくることになるのであるが、それは未だ数年先のことであった。

1994年、アメリカでウェブブラウザのNetscape Navigatorがリリースされた。未だインターネットは世界的な普及にはなっていなかったが、アメリカでは国防総省の支援もあって既に大きなうねりとなっていた。私は1990年に、ベル研究所の研究リーダーであったSuzanne Nagel氏と会話をしている中で彼女は盛んにメールのことを話題にした。彼女は日常的に部下への指示や連絡はすべてメールで行っていると言った。私は研究所ではマッキントッシュのパソコンを使用していたが、大部分はオフラインでの使用であった。メールは当時の日本ではまだ日常的に使う道具にはなっていなかった。電話とFAXそして面談でのコミュニケーションが主であった。そのため彼女に、メールを使わないであなたはどのようにして仕事をしているのかと怪訝そうな顔で言われ、私は悔しい思いをした記憶がある。そのくらいインターネットやデジタル化の流れについては日米の差は既に大きかったのである。1995年にはマイクロソフトからWindows95が発売され日本でも大きな話題になった。ようやくパソコンが一部の専門家やマニアのものでなく、一般の人たちが誰でも使いやすい道具として認知される兆しが見えてきた。ワープロやMS-DOSのパソコンが消え始めたのもこの時期である。Windows95や98の騒ぎに隠れて全く話題にもならなかったが、1997年にアメリカではある種のターニングポイントを迎えていた。銅線および光ファイバの中を流れる信号のうち、電話、つまり音声による信号よりも、メールや検索などによるデータ信号の方が多くなったのである。しかもデータ信号の伸びの速度は、電話信号に比べて10倍以上だったのである。このまま伸びていけば早晩に通信回線がパンクすることが容易に想定された。通常光ファイバケーブルには複数本の光ファイバが束ねられている。この光ファイバの利用率が70%を越えると新たに光ケーブルを増設することが一般的に行われていた。それには光ファイバケーブルのコスト以上に敷設コストと敷設工事のための時間が大きな問題と見なされていた。1日や2日で終わる工事ではない。もしも光ケーブルを増設するならば、今すぐにでも準備を始めなければならない。

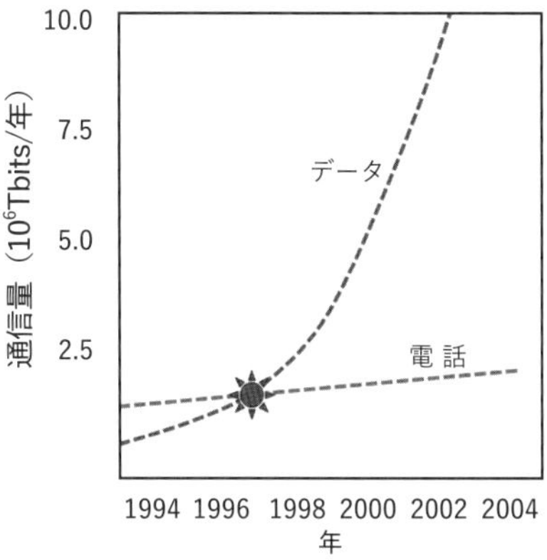

電話とデータ通信量の逆転

そこで浮上してきたのが高密度光波長分割多重伝送方式（DWDM: Dense Wavelength Division Multiplexing）である。光波長分割多重伝送とは、これまでは1本の光ファイバ中に1種類の波長（=1種類の色）のみの光を通して通信を行っていたが、これを多種類の波長の光を通して行う方式のことである。絵の具の色は混ぜ合わせると別の色になって元には戻らないが、光はその色を混ぜてもまた元に戻せる。つまり1本の光ファイバの中に複数の波長（色）の光を入れて伝送しても、伝送後の光ファイバの出口では元の波長（色）の光を分離して取り出すことができるのである。こうすることによって光の色の数だけ光ファイバが増えたことと同じになる。その結果、光ファイバケーブルの増設工事をしなくてもよくなり、著しくコストと時間の節約がもたらされる。そしてこの光の波長（=色）を例えば48種類とか非常に多数にする方式を高密度光波長分割多重伝送方式、DWDM伝送方式と呼ぶ。

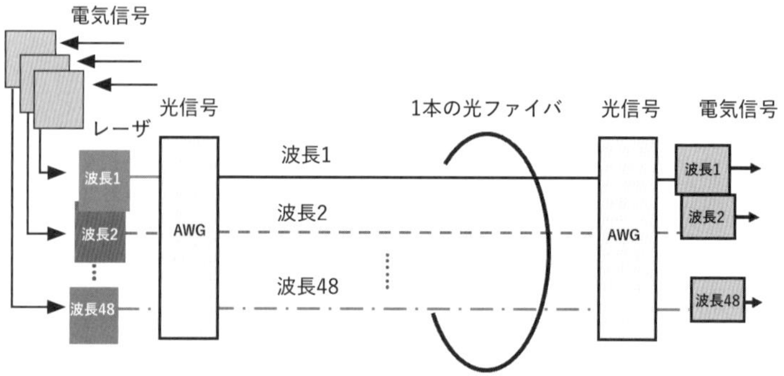

高密度光波長分割多重伝送方式（DWDM）

ところがこの方式を実現するには一つだけ重要な部品が必要になる。それは送信側で光の波長を合わせて多重化し、受信側ではその多重化された光を波長毎に分離する光部品がいる。一般に光の波長を分けるにはプリズムが使用される。プリズムは光の屈折率が波長によって異なるために、白色の太陽光線を赤から青までの光に分離することができる。雨上がりの空の水滴がそれと同様な作用をして見えているのが虹である。ただ、光通信で必要としているのは赤とか青に波長を分けるのではなく、例えば赤の光をさらに細かく48種類の赤（波長）に分ける部品を必要としていた。正確に言えば、1,550nmの波長近傍で0.8nm毎に48波長も分離できる部品を必要としていた。なぜ赤い光でなく目に見えない赤外線の波長かと言えば、1,550nmでは光ファイバの透過率が最も良くなるため、通信にはその波長を使用していたためである。その波長でのレーザの発振波長を0.8nm毎少しずつ変えることによって48波長の通信が可能になるからである。そしてこのDWDM伝送方式のために既に生まれていたのが、光導波回路部品のAWGであった。AWGはにわかに世界中で脚光を浴びてきた。その部品はまさにその時茨城の研究所とNELの茨城事業所に光ファイバが接続された完成品の商品としてあったのである。

●金のリンゴ

NELの厚木事業所には化合物半導体事業部があった。平山昌弘氏がそこの事業部長であった。シリコン半導体はシリコンという単一の元素からなる半導体である。それに対して化合物半導体とは複数の元素が化合した物質からなる半導体を指す。その複数の元素には、ガリウム、ひ素、インジウム、リンなどが使用される。化合物半導体はその元素の組合せによって多種類の性能を発揮する半導体を実現することが可能であり、電子部品のみならず、光通信用の半導体レーザや発光ダイオードのLEDなど多くの部品を生み出すことが可能である。ちなみにシリコンはその材料の原理的な性質上発光しない。平山さんはこの化合物の半導体の一種であるガリウムひ素（通常「ガリヒソ」とも呼ばれている）を使用した高速の電子部品の商品化を急いでいた。シリコンの電子部品は光通信分野においても既に大きな市場に発展していた。ところが、ガリヒソは携帯電話や無線関係の高速電子部品として知られていたが、まだ光通信分野での適用は一般的ではなかった。平山さんは、シリコンに対抗するこのガリヒソの高速光通信用半導体部品の商品化に情熱を燃やしていたNEL厚木事業所の技術者であった。当時のNELは吉祥寺に本社を構えており、週に一度午前9時からそこで事業部長会議が行われた。私は未だ事業部長ではなかったが、その会議に出席するため水戸駅発朝の5時

55分の特急「さわやかひたち」に乗って水戸から吉祥寺に出張していた。その会議の席ではいつも平山さんと出会い今後の光通信の動向について情報交換した。二人の情報は常に一致していた。私は光関係の業界誌や新聞が情報源であり、平山さんは電子部品関係の業界誌を情報源としていた。いずれもアメリカでの出版物であった。日本ではそのような情報源になるものは全くなかった。私たちが交換した情報は一致し、今後光通信が爆発的に伸びること、それもこれまでの4万倍の速度である毎秒25億ビットの超高速通信になること、さらには高密度波長多重通信になることなどが予測されていた。もちろんあくまで予測であるため実際にそうなるかどうかは誰にもわからない。しかし、予測が現実になってから行動するのでは遅いのも確かなのである。学会レベルでもそのようには言われていたが、それがいつどの程度の規模になりそうだなどの情報は得られなかった。ただ、近々そうなることは疑いの余地はないように思われた。私たちはNELの幹部に繰り返し、今後の光通信の技術面での変革と市場の急激な立ち上がりについて説明した。会議の席ではなく、幹部の机の前の丸椅子に座って説明した。その頃PIRI社にもAWGの設計図面をマスクとして渡していた。マスクさえあれば、分岐回路やWINCとほぼ同じ製造技術でPIRI社でもAWGチップを製造することができた。データ通信量の爆発的増大で通信回線がひっ迫していたのはアメリカである。すぐにアメリカの通信装置の製造会社からPIRI社に問い合わせが頻繁に来た。ルーセント（Lucent Technologies）はその代表的な会社であった。ルーセント社は1996年にAT&Tが分割された時に旧ウェスタンエレクトリック社とベル研究所が一緒になってできたアメリカ最大の通信装置の製造会社である。宮下社長からはその状況が伝えられてきた。彼らは矢のような催促でAWGの供給を依頼してきているらしい。まさに喉から手が出る様相である。売れば必ず売れる、それも高値で売れる、まさに金のリンゴがなっているのではなく落ちているようだとのことであった。この時のPIRI社からの情報は極めて貴重であった。吉祥寺で平山さんと手探りの感覚で情報交換している内容と全く一致しており、しかもそれが生の一次情報だったのである。もう高密度波長多重通信と高速光通信の到来はどこから見ても間違いなかった。私はそれを完全に信じて自信を持った。PIRI社はアメリカ市場での情報をいち早くつかむという重要な使命を果たした。それで十分であった。

●ヤマを売ってでも

アメリカの状況はつかめたとして、あと1～2年後にAWG部品を量産するのはどこの会社になるのだろうか、それが一番の問題であった。AWGの次には多ポートの光スイッチが必要になるだろう。次々に新規に、高度な光導波回路部品が必要になった時に、それらをどのようにすれば市場に供給できるのであろうか？

おそらくそれを設計して製造できるのは、現時点ではNTT茨城の光エレクトロニクス研究所のメンバーしかいない。そこには、その分野で一流の研究者が何十人も研究・開発している。技術はVAD法と超LSI技術が合体したものであり、量産ともなればさらに複雑、精密で、一人や二人でできるものではない。今後は市場の変化に対応して技術も変化せざるを得ず、開発と製造を同時に進める事態になるであろう。その都度技術開発とともに新しい高額な設備と技術者が必要になる。これらのすべてをアメリカの

PIRI社で実行することはできるのであろうか？　そのための技術の移転はどのようにするのであろうか？　PIRI社を本格的な生産会社にするにはどのようなことが必要になるのか、そしてそれを誰がやるのか。私は既にNTTを退職しており、PIRI社の経営や今後のことについて公式には一切の口をはさむことはできなくなっていた。またPIRI社の経営状態や将来構想に関連した情報も一切入ってこなくなっていた。ただ、宮下社長との頻繁な電話でのやり取りで、市場情報をつかむことができたのみであった。NTT研究所の方でもアメリカの市場動向に対応して光波長多重部品の製造や供給を今後どのようにするのかの議論はされていなかった。つまりNTTの研究開発の成果をどのようにして社会に出していくかの議論は聞こえてこなかったのだ。PIRI社をそれに活用するのかの議論も、さらにはPIRI社でどのようにして商品化、量産化するのかについてのシナリオも、研究所では誰も企画提案していなかった。おそらく個々の研究そのものに忙殺されていたのであろう。また日本においてはまだ電話・FAXの時代であり、データ通信量は少なく、光ファイバ使用率のひっ迫は生じていなかった。このためDWDM伝送方式システムの本格的な事業導入は、NTTにおいては検討も計画もされていなかったのである。そのため、NTTでは超高速通信の改良が主体となっていて、DWDM用のAWGの量産に関心が向いていないのも当然のことであった。

1996年9月、ノルウェーのオスロで第22回ヨーロッパ光通信国際会議（ECOC1996）が開かれた。私はそこに極東貿易の人と参加していた。極東貿易は化合物半導体事業部の海外販売の代理店をしていたが、光事業推進部も追加して販売をお願いしていた商社である。極東貿易の人はいくつかの見込み客を紹介してくれた。いずれもヨーロッパの大手通信機器会社であった。彼らと話すと、ヨーロッパもアメリカもDWDM伝送方式に大きく傾いており、しかもそれらに対して国主導のプロジェクトもあるとのことであった。これでは緊急の需要もあるため確実にDWDMの市場は立ち上がっていくだろう。そしてそこで使用されるAWGも大量に使用されるに違いない。私は展示会には行っても学術の学会には出席しなかったが、出席していた何人かの海外の研究者はDWDMについて熱く語る人ばかりであった。ヨーロッパの研究者はアカデミックなことに興味を持ち話題にすることが多い。その彼らがもっぱらDWDMの事業について語っていた。これらの自分で得た一次情報は最後のダメ押しになった。市場が立ち上がるまでにもう残された時間はあまりないように感じられた。AWGなどの通信用の高機能光導波回路部品をタイムリーに製造販売するには今しかない。しかもそれができるのは、茨城の光関係の研究者とNELを結集した組織であると私は明確に悟った。さらに市場動向に合わせてAWGの性能向上や進化を追随させるには「研究開発」と「製造」、そして「販売」も一体でなければならない。それができるのはNELの茨城を置いて他にはないと確信した。そして決心した、茨城にそのための施設を建設しようと。その施設をたまたま工場と呼んでも良いのではないか。工場建設の必要性は以前から、NELの専務であった井川彪氏にそれとなく軽く耳打ちしていた。帰国してからもう一度その件について井川専務に念を押した後に、業務系の木崎俊秀常務に話した。木崎常務は技術系の人ではなくNTTの電話局などの要職を経験してきた事務系の人であり、NTT本社などにも知人が多かった。またNTT本社のスタッフを説得するための要領も心得ているように見受けられた。私は早速NEL社長と取締役会そしてNELの親会社であるNTT本社に説明するための資料作成に取り掛かった。

一方茨城での工場建設用地の選定には檜山工業の檜山社長に手伝ってもらった。彼の会社は茨城の地元企業であり、彼は工場用地などに関する情報は豊富に持っていた。私たちは、空き工場や倒産してまもなく空くことになっている工場、工場建設が可能な用地などを探して回った。水戸、勝田、佐和、東海、日立、那珂町などをずいぶん回ったように記憶している。しかしどうしてもここで製造しようと決められる物件は見つからなかった。多くは、屋根は三角屋根で側面の壁は波板スレート、入り口は大きなシャッターでできていた。それが日本の工場物件の標準スタイルであった。海外の工場建物やその周りの環境などと比べて著しく見劣りがするように感じた。もちろん海外でもそのような工場はある。しかし日本にはそのような工場しかないのだ。海外顧客が工場視察に訪問した時に彼らはどう思うだろうか。コストだけを考えればそれで良いのだろうが、私は今の場合、工場は製造だけでなく開発拠点であり、営業拠点でもあり、社員が多くの時間を過ごす場所と考えていた。しかもこの工場にはNTTの研究者を大勢迎え入れなくてはならない。彼らが子会社に行く時にマイナスの気持ちを持たせてはいけない。だからどうしても納得いく建築物が必要だと思っていた。そのうち、檜山社長から茨城県が最近開発した工業団地で那珂西部工業団地があるとの情報がもたらされた。ここにはソニーも進出しているのでどうだろうかと打診があった。そこは国道118号線から少し入ったところで、団地内には並木

工場建設前の用地の風景

が植えられた広い舗装された道があり、真新しい工場が数件並んでいた。公園の中の工場のようであった。そして団地の一番奥の左側に整地された5,000坪の未販売の区画が残されていた。私はここなら思った通りの場所で工場建設できると直感した。ここならばNTT研究者や世界の顧客の誰が来ても、誰に対しても自信を持って見せられる工場を建設できると思った。

数日後吉祥寺からNEL鈴木敏正社長が工場建設の候補地を視察に来た。鈴木社長は「エレクトロニクス」分野の出身であり(15)、「光」とはバックグラウンドが異なっていたため私は少し不安を感じていた。長方形状をした5,000坪の広い土地には背の低い雑草が生い茂っていた。鈴木社長はその雑草の中に入っていきゆっくりと歩きだした。私はその後をついて同じ速度で歩いた。鈴木社長が丁度中央のところまで来た時に私を振り返って言った。それは、「工場を建てるのは良いが、しかし、もしも失敗したらどうするのだ」だった。確かにそれはもっともな心配である。NELは製造部門を禁止されたNTTの子会社である。NELが製造に進出するだけでも印象的にはリスクであるのに、ましてやそれが失敗したらどうなるかは想像もしたくないことであった。私は何と答えるか1秒間くらいは考えた。市場があるのは間違いないし、AWGなどの光導波回路を開発し続け、製造し、タイムリーに販売できることについても自信はあった。そしてそれができるのは我々しかいないと思った。ただ、未経験の本格的製造が私たち研究者集団に本当にできるかどうか。失敗する可能性も確かに大いにある。冷静に考えればその確率の方が高いかも知れなかった。それでも私は答えた。「社長、私の実家は九州に山を持っています。もしも失敗したらその山を売って返します。大丈夫です」。鈴木社長はそれを聞きながらなおも雑草の中を黙ってずんずん歩いていった。

社長が吉祥寺に帰ってからの話は業務系の木崎常務から聞いた。鈴木社長は、「中原は本気らしい、郷里の山を売ってでも工場を建設したいと言っていた」とNEL幹部に伝えたらしい。木崎常務は「中原は九州福岡筑豊の田川出身だ。山と言っても彼が言っている山はボタ山のことですよ。しかも彼はそのボタ山も持っていないはずだ」そう言った。そして皆で大笑いしたとのことであった。木崎常務は九州全体を統括する熊本の通信局に赴任していて、筑豊の田川がどのようなところかよく知っていたのである。さらに彼は私が幼い頃に父親を亡くし貧乏な母子家庭で育ったこともそれとなく知っていたのである。しかし鈴木社長はそれもわかった上で茨城に工場を建設することに賛同してくれた。まさにこれは英断であった。私は涙が出るほど嬉しかった。

●竣工

NEL内部では工場建設の共通認識ができてきた頃、木崎常務と私はNTT本社のしかるべき部門に、今後の光通信市場とNEL

がやるべきことをA3用紙1枚に書いて説明して回った。事業計画策定には、それまで三菱商事を通じて知った複式簿記を使った。その計算はエクセルで独自に作成していた。それで作成した損益／バランスシート／キャッシュフロー計算書を土台にした事業目論見書が説得力を持って大変役に立った。NTTが製造に進出しない規制については皆が懸念を示したが、これは単なる工場ではない、研究開発を兼ねた先端的な試作施設であるとの論理で説得した。建設費は5,000坪の土地に5億円、建物2階建て500坪とガス、排気排水設備、クリーンルームなどの付帯設備入れて約5億円、合計10億円であった。資金は地元の常陽銀行含めて複数の銀行から借り入れ、建設はNTTファシリティーズが担当した。1997年初夏から建設が始まり、98年3月の完成を目指した。早く完成することが早く投資回収することにつながる。私は一日でも早い完成を願った。当時私は水戸の自宅から東海村の研究所内のNELまで通勤していたが、その帰り道に少し遠回りにはなったがしばしば那珂西部工業団地を回って帰っていた。大体それは夜になっていて暗かったが、更地が段々と工場になっていくのを見るのが楽しみだった。たまには月夜に出くわしたこともあり、その時はなぜかまさに少年の頃に見たボタ山を思い出していた。ボタ山の上に月が出て、その山が燃えることがある。その頂上付近に炎を見た記憶がある。歳上の子に聞くと、カーバイドが燃えているのだと言っていた。あれは錯覚だったのか、現実だったのかわからない。今こうして月に煌々と照らされている工場建設中の現場に立って見ると、これも現実なのか、錯覚なのかわからなくなった記憶がある。

建設は順調に進み1998年の年が明けた頃、極東貿易から連絡

最初の工場（1998年竣工）

があった。アメリカのCienaという会社が、NELの茨城を訪問したいとのことであった。Ciena社は1992年設立の通信機器製造会社であり、現在では世界有数の通信機器製造会社に成長している。1998年にはDWDM伝送用の機器を世界に先駆けて販売開始したところであった。そこの社員であったH. Yafee氏はAWGの調達について世界中を調査していて、NELでの可能性を調査することが訪問の目的であった。未だそのための工場を建設中であることを彼には前もって知らせた上で訪問を受け入れた。訪問当日、私はNEL茨城事業所の状況を説明し、今後どのようなスケジュールでAWGを製造販売していくかのロードマップを示した。彼は冗談好き、ユーモアたっぷりの人で、当時の私たちメンバーとは意気投合した。その日の夕食でも懇親を深めて別れたが、翌朝会社のメールには彼からのAWG注文予約のメッセージが届いていた。1個400万円で2個の注文、合計800万円であった。まるで高級な乗用車を販売するような価格であった。こうして1998年3月11日にNEL茨城第一工場は竣工した。竣工時には研究所から既に数十名の研究者も出向や退職で加わっていた。4月になって工場は本格的に稼働したが、その時にはNEL茨城で雇った新入社員も含めて全体で50名を超えていた。

●好事魔多し

新工場が稼働すると顧客からの連絡、引きあい、注文が一気に入った。主に海外企業からで、極東貿易がその代理店役を果たしていた。アメリカのCiena、Lucent、カナダのNortel、イタリアのPirelli、その他、イギリス、フランス、スウェーデン、などの大手通信機器会社からの問い合わせがほとんどであった。日本ではテレウェイのみがCienaからDWDM通信装置を購入したとのニュースがあった（会社名はいずれも当時の通称）。テレウェイは未だ多数本の光ファイバを保有していなかったためDWDM通信方式で実質的に光ファイバの本数を増やしたかったからである。従って顧客の多くは海外であり、彼らは遠くから那珂西部工業団地の工場に訪れてくれた。工場は設計のコンセプト通りきれいにできており、訪問客は研究者集団が新しい部品を設計し製造していることに強い興味を持っていた。まさにここは私が目指した通り、製造工場でもあり、研究開発の場でもあり、営業の場でもあった。工場が稼働してから売り上げは急激に上昇し、1年後には多い月には20億円の出荷額になった。年間では100億円を超え、茨城事業所はフォトニクス事業本部に格上げされた。それでも事業部の陣容はせいぜい50～60名程度であったため、まさに高付加価値の事業体であった。社員の士気も極めて高かった。さらに1998年の6月にはそれまでNTT研究所全体のトップを務めていた伊澤さんがNELの社長になった。私としては、これはまたとない恵まれた環境になったと大いに意を強くした。彼はVADも光導波回路もその発明・開発をした当人であり、その事業についてもこれほど理解が深い方はおられない。

そのような中で私は多忙を極めていたが、実はその2年くらい前の健康診断で心臓の異常が見つかっていた。精密検査の結果、それは心臓の僧帽弁閉鎖不全症と呼ばれる病気で、直すには手術しかなく、薬では進行を少し抑える程度しかできないと医者から告げられていた。病気進行度は中の上程度で既に重症に近い方であった。僧帽弁とは心臓の弁の一つで、肺から左心房に送られてきた血液を左心室に送り出すその境界部にある弁のことで、僧の帽子のような形をしている。僧帽弁はパラシュートの糸のようなもので固定されているが、これが切れると弁の閉鎖が不完全になり血液が肺に逆流する病気である。一般に無症状の場合が多いと言われているらしいが、私もほとんど無症状だったので、そのまま血圧を下げて心臓の負担を小さくする療法を取って経過観察をしていた。かかりつけ医によると、現状での手術の失敗率は1～2%程度である。だから手術技術が日進月歩なので手術をするにはできるだけ後の時期の方が良いとアドバイスされていた。1～2%と言えばコーニング社の20dB/km程度に相当する。そう考えると確かに未だ技術的には初期の段階のように理解されたので医者のアドバイスに従っていた。やはりこれは0.2dB/km程度の安全な手術技術になるまで待つ方が良いかと思った。それで日常的にはさほど困ることもなかったが、爆弾を抱えていることだけは確かであった。

第一工場が竣工したのちには、研究所とNELには新しい流れができた。つまり、研究所の成果をNELに持っていき自ら製造販売する流れである。本気になって製造販売するにはやはり研究所の間借りではできなくて、研究所から出て自らの工場で製造しようという流れであった。このような流れは研究者に本気の事業意欲を生み出させる面でも良いことであった。また自分たちの研究成果が世の中にどれだけ通用するかを市場に判断してもらうにも意義あることであった。第一工場の土地にはまだ十分余裕があった。それまで厚木の光エレクトロニクス研究所の間借りで半導体レーザを製造販売していた都築信頼氏のNELグループも、茨城に移転して工場生産を始めるべく企画した。ただしこの場合は、半導体レーザのチップ製造は高度なクリーンルームと設備が必要であるため、まずは後工程の実装のみの工場を企画した。この半導体レーザはDWDMの波長毎に使用する半導体レーザであり、DWDM通信には欠くことのできない高性能なレーザであった。建設はほぼAWG用の建物と類似の設計にし、後工程のみであったため工期は短く1999年10月1日に竣工した。ただ、その前日の9月30日には茨城県東海村で臨界事故が起こり大変なことになった。このため竣工式を取りやめたことも記憶に残っている。

ここまでは良かったと今になっては思える。逆にここから先、私の判断は甘くなっていったのだと反省をする。あまりにも事業が急激に伸びて初心を忘れたか自分自身を見失っていたのかも知れない。

AWGの供給要請は日増しに強くなっていっていた。特にアメリカでの需要は多く、その中でもルーセントからの要求は最も強かった。この時点でのルーセントとの商流は極東貿易経由で行われていた。ルーセントはAWGの発注と納品を時系列的に繰り返すのでは急速に増大する市場に追いつかない。このため一旦十分な在庫をルーセントの倉庫の棚に置いておき、ルーセントが棚から降ろして使用した分だけ代金を支払う、減った在庫分はNELが常に補充して不足が生じないようにする方法を提案してきた。所謂コンサインメント契約である。NELサイドとしても都度あわてて製品を製造して納品するよりも一定した生産管理ができるためこの提案に従った。納品遅れで顧客に迷惑をかけてはいけないとの思いからであった。この判断が第一の誤りだった。コンサインメント契約は市場が安定している時には有効である。しかし急激に発生した市場に対しては決して実行すべき方法ではなかったと今だからこそ言える。私たちが事業に対して未熟だったのである。それでも当時AWGの生産量は不足していた。ルーセントのみでなく世界中の通信機器メーカがこぞってDWDM通信機器の製造を始めたからである。まだAWGを量産規模で供給できる会社は世界でもNEL茨城のみであった。NELの生産体制不足は世界のIT産業に迷惑をかけることになる。顧客第一の精神からするとそのようなことはあってはならないと思えた。この考えが第二の誤りであった。顧客は決して神様ではなかったのだ。建設して未だ間がない第一工場は瞬く間に手狭になってきた。これほどまでに市場が大きくなるとは思ってもいなかった。工場の敷地は未だ余裕があったため、私は増設計画をNEL本社の会議で提案した。最初の500坪の工場と同程度の建物をもう一つ建設する計画であった。それで5,000坪の敷地は駐車スペースを含めて丁度一杯になる予定であった。建設費は約3億円を想定し、自家製エクセルの財務諸表から計算してもリスクは小さかった。ところが会議では思わぬ反応が出たのである。それは、半導体レーザのチップを製造する事業部と化合物半導体事業部も、茨城の工場に集約して先端的な光部品製造の総合的な拠点を作りたいという希望であった。確かに厚木研究所内の間借りでガリヒソ部品やレーザチップを製造していたのでは、世界の顧客に信用されない。我々は既にISO9000とISO14000を取得しており、本格的な製造会社になろうとしていたのである。それが研究所間借りでは印象としても整合しない。既に半導体レーザの実装部門は厚木から茨城に移転してきている。ガリヒソの茨城への集約は論理的にも当然の帰結であった。生産管理については国内の大手企業からその分野の経験者を数名雇用して本格的な生産に備えていた。ただ市場がそのまま伸びれば、の前提付きであったのだが。私はここで決定的なミスを起こしたと思っている。この統合案は本格的な製造会社になるためには当然の論理的帰結と考えたのであるが、ガリヒソについて私はその技術内容もコスト内容も詳細については無知であり、自家製エクセル財務諸表を作ることができなかった。だから統合後の経営状態がどのようになるのか、市場が伸びた場合と縮小した場合にリスクがどの程度になるかについてほとんどシミュレーションを行わずに統合案を実行したのである。工場建設の経験者として私はもっと詳細に議論をするべきであった。今後の市場動向については、いくつものマーケット調査会社が大きな伸びを予測していた。中でも当時のアメリカのRHK社は最もポジティブな予測データを示しており、そのデータを信用した。これも私のミスであった。半導体レーザ、ガリヒソも含めての情報が不足していた。ただ、これも今だから言えることではあるが、5G/6G、自動運転、IoT、AIの時代では、情報通信量の伸びに関してはRHKのデータでさえも控えめであった。誰もその急激な情報量増大の時期を正確に予測できていなかったのである。

土地は最初の5,000坪の土地の斜め前に10,000坪の土地が残っていたので、それを10億円で購入した。建物は4階建てとして、広いクリーンルームも用意した。工場の周辺には昼食を取る店もなかったため、4階に社員食堂を作った。建設費は35億円、NTTファシリティーズが設計し、共立建設株式会社が施工した。私はこの工場も、開発と製造と営業が一体となったコンセプトを示して建設を依頼した。2000年の暮れに工場は完成した。

●宴の後

1999年頃のルーセントの株価は数年前の10倍以上に暴騰していた。光通信市場の調査会社はどこも市場拡大はさらに続くと予想していた。私も含めて多くの光業界関係者がそれらのレポートを読み漁り、その予測データを頼りにして製造設備を増設し、工場拡張を図った。私たちのように新たに工場を建設した会社も国内外に多くあった。しかし、日々注文数が増加するAWGの状況を見て、私たちは一抹の疑問が生じていたことだけは確かである。一体AWGは世界中で何個必要になるのであろうか？　AWGは、現在は基幹回線を主体に使用されているが情報量は無限大に近く増加するものであろうか？　そしてインターネットの通信料金は定額とか無料にすべきとの意見が多くあるが、光ファイバケーブルの敷設、伝送装置、そして全体のメンテナンスの費用は一体誰が負担するのであろうか？　物理の世界ではエネルギ

第二の工場（2000年）

第二の工場の内部（2000年）

ー供給なしに稼働し続ける永久機関は絶対にできないという原理原則があるが、それに照らして今の状況は正しいのであろうか？　無料でインターネット回線を使い放題ということは原理的になぜ可能なのであろうか？　このようなことを話していた記憶がある。ただ、私たちは日々のビジネスの方が大切であった。この時点で、Googleのビジネスモデルが広告業であることについて私たちは考えをめぐらせることはできなかった。一方のアメリカではこの時期に企業間の買収が盛んに行われていた。生まれたばかりの小さな会社が信じられないくらいの高値で買収されたというニュースが頻繁に入ってきていた。会社の売買は株式の等価交換方式で行われたため、キャッシュの移動は少なくお互いに現金を使っている感覚は薄いのではないかと想像された。社員はストックオプションを持たされ、一夜にして数百億円の大金持ちになったパートの従業員も多くいたとの噂もよく聞いた。

このような時期にPIRI社の売却の話が伝わってきた。アメリカのSDLという会社から買収のオファーが来たらしい。SDLから話が持ち込まれたのか、PIRI社側から持ち込んだのかはわからなかった。SDLはVCSELという日本が発明した面発光レーザを使用して高出力のレーザ発振器などを製造していた会社である。多くの人はそれを聞いて喜んでいた。当時の風潮から想像して相当な高値で売却可能だと考えたからである。しかし私はそれに危機感を持った。SDLにPIRI社が売却されるということは、光導波回路技術がSDLに売却されることである。それは製造技術のみならず設計用ソフトやマスク、特殊な製造装置も含めて洗いざらい売却することになる。それもスプリッターやWINCのみならずAWGも含めてのことである。会社の売却というよりは

NTT技術の売却を意味していた。確かに売却で高額のお金が一時的にはNTTに入ってくるだろう。しかしそれが我々の目的だったのか。私たちは最初から技術を売却するという構想はなかった。だからこそ技術移転ではなく合弁会社の案を企画してきたのではなかったのか。もしもこれで技術が完全開示されれば、それは短期間に世界中に広がり、多くの光導波回路の競合が出現してくることは目に見えていた。私の考えは、光導波回路のチップはNELおよびPIRI社が可能な限り独占的に製造販売し、それにファイバアレイを接続して完成品の部品にする技術は世界に広げ、仲間を多く作って市場を拡大するというものであった。丁度インテルがパソコンのCPUのみを独占してパソコンは誰でも作れるようにしたのと同じであった。もしも売却するならば売却先に売って終わりではなく将来に向けての戦略的な協業関係を築くべきだと考えた。技術を移転するにしても移転先の国、地域、会社などを吟味して、どうすれば日本国やNTTにとって報われることになるか戦略を練るべきだと考えた。売却額の多寡で決めるようなことではない。ある会社からPIRI社を買収したいと言われたからといって、受け身で会社を売却するようなことがあってはならない。売却するならばむしろ能動的に戦略的に売却すべきだ。ここでチップ技術が開示されれば、それを苦労して研究開発したNTT茨城の多くの研究者にとってはマイナスのことばかりである。これからという時期の売却には心底反対であった。光導波回路技術には、決め手になる特許はなく、あったとしても特許、ノウハウ、装置、含めての売却であるから、技術拡散は防ぎようがなくなるのである。もちろん技術というものはいずれ拡散するもので、いつまでも独占することはできない。問題はいかに長い期間その先行者の優位な立場を保持できるか、あるいはその後の技術普及の戦略である。しかし既にNTTを退職した私には発言権はゼロであった。せいぜい宮下社長にそれはやめてほしいとお願いするだけであった。宮下社長は、本件は株主が決めるので社長には決定権がない、従ってどうしようもないと言った。それはそうではあるが、SDLの提案をどのようにするのかについては合弁契約書に記載された「Unanimous」条項に該当し、株主が決定権を持つとしても株主総会でその案を提案するのは社長であるはずだ。ぜひ問題点を指摘して売却しないようにしてほしいと私は宮下社長に頼んだ。この件の検討状況は数か月間に及んだようであるが、宮下社長がたまたま日本に別件で帰国した折に私は直接彼と論争した。それは大論争になった。横で塙さんが聞いていたが、私たちの喧嘩のような激論に、二人が本当に喧嘩しているのかと感じてずいぶん心配したそうである。結局それは物別れに終わった。私たち二人はこのことで数十年の友人関係が一時的に壊れてしばらくはお互い距離を置くようになったが、それも仕事は仕事と割り切って、1年も経たないうちにまた連絡を取り合うようになったのは勿論のことである。

いずれにしても、考えられないほどの買収金額の前には私の考えや懸念が通じるはずもなく無力であった。結局PIRI社は1600億円の高額で売却され、NTTにも約800億円の営業外収益（簿価）があった。この売却を研究者も含めてNTTの全員が無邪気に歓迎していた。三菱商事もバテル研究所ももろ手を挙げて喜んでいた。特にこの2社はPIRI社の売却には最初から積極的だったようである。おそらく喜んでいなかったのは世界中で私一人であったのかも知れない。私は強い危機感を抱いていた。そしてその危機感はすぐに現実の問題となった。まず、PIRI社を購入したSDLは直後にJDSL（現Lumentum）に1兆4000億円で売却された。当時のSDLの規模から考えて信じられないような高額である。今から推察すると、SDLは最初から光導波回路の事業化などは全く考えておらず、自社株を吊り上げて売却するためにNTTとか三菱商事とかのブランドが入ったPIRI社を購入したのではないかと思える。当時最先端のNTTの光導波回路技術を自社の株価吊り上げのために利用したものではないかと私には想像された。さらにその半年もしないうちにJDSLは別の技術で光導波回路を開発しているアメリカの会社を購入し、NTTが苦労して移転し、PIRI社も苦労して立ち上げた光導波回路技術を捨てた。このため、それからあまり時間を置かずにVADのスート透明化技術やバーナなどの図面も含まれた光導波回路技術や貴重なノウハウ、装置は中国や台湾、韓国、北欧などに無差別に拡散したものと推察された。これは後に述べるITバブルがはじけた後、確実に具体的に影響を及ぼしてきた。当時同じような光導波回路の会社が世界中に48社も急にできたのである。そしてその結果は光導波回路製品価格の暴落である。そして結局はここでも日本勢は中国、台湾、韓国に価格面で負けることになった。

なお、当時「ヴェリオ」というNTTコミュニケーションズのアメリカ子会社があったが、PIRI社が売却されたのと同じ年に7000億円の欠損を出していた。PIRI社売却で得たNTTの800億円の益はNTT全体の連結決算から見ればこの7000億円の欠損の一部の埋め合わせで消えてしまったことになる。

●ITバブルの崩壊

その頃ルーセントは経理上の問題が発覚して株価下落の引き金となっていた。そして1999年から2002年にかけてルーセントの株価は百分の1以下になってしまった。ただこれはルーセントの経理上の問題だけではなかった。アメリカの光通信市場がバブルであったことが最も大きく影響している。インターネットの急速な立ち上がりにアメリカ市場が過熱して、通信機器や通信部品で過剰な在庫を抱えてしまっていた。2001年の後半から2002年にかけてバブル崩壊のあらしがこの光通信業界に吹き荒れた。アメリカでも多くの企業が倒産した。特にベンチャー企業として起業して間もない会社は消えていった。日本においても同様に多くの光関連企業において在庫処分の噂が聞かれ、やがてそれはリストラの噂になってきた。NELもその1社であった。ルーセントがリストラを開始すると宣言した時、NELはAWGのコンサインメント在庫をルーセントに11億円分残していた。これをすべて返品してもらい処分すれば11億円の欠損が出る。しかし極東貿易がルーセントと交渉し返品は免れた。ルーセントは15万人以上いた社員を3万人程度にまでリストラしたという噂も流れてきた。NELは新しく工場を建設したことがやり玉に挙がった。本来、工場を新規に建設したとしても固定資産部分については減価償却分しか損益には影響しない。土地については償却もしないので赤字黒字には全く影響しない。キャッシュとしては既に支払い済みであるためむしろ節税対策としては良い方向に作用するはずだった。ただ、多くの研究者は財務諸表に関しては興味がなく工場建設で赤字になったのだと思い込んでいた。実際にNELが赤字になったのはまさにアメリカでのITバブル崩壊に起因して

AWGの売り上げが極端に減少したことが原因であった。そして過剰に抱えた真新しい測定装置や製造装置を除却処分することによる損失が大きかった。NELとしても人員整理をすることになり、希望退職者を募った。これは全く気が重い仕事であった。同じ研究所で過ごしてきた仲間に退職希望の話をする時ほどつらい時間はなかった。NELの茨城事業所は研究者がその成果を生かして働けることも目的の一つとして作った職場である。それがわずか数年で逆の結果を生むことになってしまった。組織自体を簡素化して事業品目を絞り、人員の整理を行った。退職希望者には可能な限りの退職金の上積みと次の就職先の紹介などを提示した。国内でも光通信に関連した多くの企業でリストラと人員整理が行われていたため、これも仕方がないことだと内心言い訳しながら進めた。私自身もリストラが済めば辞任する気であった。私はその時にNELの常務取締役になっていた。当時のNELでは、社内ホームページの中に投書箱があったが、そこでは連日私への非難と工場デザインへの不満が掲載された。生産工場と研究開発と営業が一体となった工場デザインへの反発もあった。私はそれも仕方がないと思い耐えた。リストラは2002年暮れまでに終了した。

●FTTHへの布石

ここで私の記憶を世界中がITバブル崩壊の影響で混乱する以前にまで戻すことになる。NTTではDWDM光伝送方式の導入は遅れていたが、将来各家庭にまで光ファイバを敷設する計画は着々と進めていた。その内容は電話局内で一本の光ファイバ信号を4分岐して、約2km程度の距離は4本の光ファイバを4方向に敷設し、その先の家の近くの電柱で8分岐して100m程度の

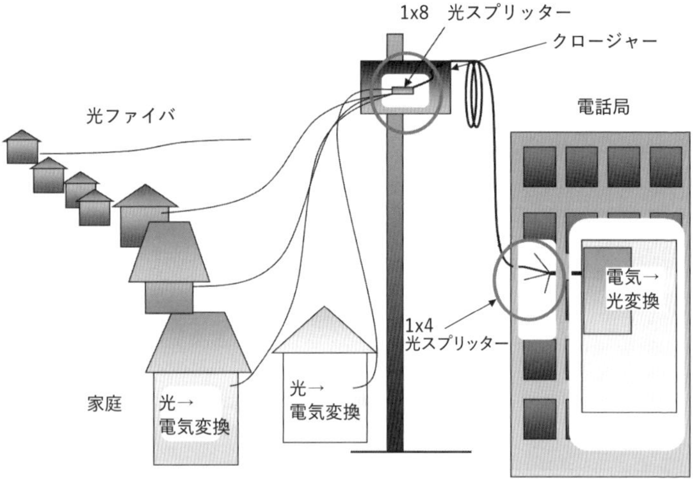

光通信を各家庭へ配信（FTTH）

距離については8軒の家に光ファイバを敷設する方式であった。日本では電話局から一般家庭までの平均距離は約2.4km程度であったからである。この方式は合理的、経済的、省エネ的であり基本的に世界の標準の方法であった。ここで 問題になっていたのは4分岐と8分岐のための光部品である。当時、光導波器回路以外の従来技術として光ファイバを熱で微細に加工することでこのような光分岐部品（光スプリッター）を作ることはできた。しかしこの従来技術はほとんど手作業であるためコスト的に問題であり、サイズも大きいという欠点があった。さらに数千万個もの部品が必要になるが、それらを手作業で製造することはあまりにも芸がなさすぎると見なされていた。ここで光導波回路の分岐部品を導入することができれば小型化、低コスト化で量産化も可能となるだろう。この分岐部品はまさに以前NTTの研究所で長期信頼性データも収集し、最初にモジュールとして完成させた光スプリッター部品である。NTT はケーブルメーカの古河電工、住友電工、フジクラに光加入者用の分岐部品の製造を依頼した。発注したのは電柱の上に設置されたクロージャーという細長いケースの中に入る分岐部品である。実際に光を分岐する心臓部はその中に入っている小さな光部品、光スプリッターであった。ケーブルメーカ 3 社は光導波回路で光を分岐する方法を選んだ。そしてそのチップの製造を PIRI 社にお願いした。PIRI 社が売却される 2 年くらい前、1999 年頃のことである。私が NEL の最初の工場で AWG を製造販売してまもなくの頃であった。ケーブルメーカ 3 社は PIRI 社からチップを購入して自分たちで光ファイバを接続して部品としてクロージャーに入れることを計画していた。ところが、ある時ケーブルメーカから連絡が入り、この分岐用のチップを国内で、つまり NEL の第一工場で作ってもらえないかという依頼があった。ケーブルメーカによると、PIRI 社は外国にあり、何かと情報流通に不便さを感じる。また、三菱商事やバテル研究所との合弁会社であり本格的な製造体制にはなっていないため、安定供給や将来の価格面に不安を感じるとのことであった。さらに三菱商事が販売面で介入することに不安を感じている様子もうかがい知れた。NEL としては、現在は AWG がものすごい勢いで売れているが、AWG は料理で言えばメインディッシュのようなものである。メインばかり食べているわけにはいかない、米やパンが重要だとは思っていた。その米やパンに相当するのが光スプリッターだと思った。さらに私は 1997 年に光導波回路に光ファイバを接続するための量産機も開発していた。前に述べたように、光ファイバを光導波路チップに接続する技術は、

NTTの研究所時代に部長プロジェクトとして開発していた。その時に使用した接続装置は開発用であり、量産的とは言えなかった。当時は既にAWGの工場建設までを考えていた時期であったため、そのための量産機の試作に適した企業を探した。日本にはその分野では優秀な会社が多くあるはずだと推察した。いくつかの会社に電話して、東芝機械株式会社にまず話してみようと考え、静岡県の三島を一人で訪問した。私は機械については門外漢であったが、光導波回路に光ファイバを接続する目的やそのための必要条件、必要な精度、動作手順などを説明した。それに対して東芝機械の技術者はそのための機械のイメージ案をわかりやすく提示してくれ話は一気に進んだ。この程度の機械は東芝機械にとっては初歩的なものであったのかも知れない。後日詳細な仕様を話し合って決め、見積もりを送ってもらった。こうして量産用光導波回路接続のための第一号機は試作された。前の開発用の機械と大きく異なり改善された点は、ジンバルという機構を取り入れて、常に光導波回路端面とファイバアレイ端面が自動的に直行して位置合わせができる点であった。試作した機械はAWGと光ファイバの接続用に開発したもので、その後最初の工場ができた時には最大限の威力を発揮した。未だ世界中で誰も光導波回路のチップに光ファイバを量産的な規模で接続できるところはなかったからである。このためNELだけがAWGの実装品をいくらでも製造販売することができた。ファイバアレイは当初の目論見通り檜山工業が町工場スタイルで量産した。この東芝機械の接続装置があったため、私はケーブルメーカにチップだけでなくそれに光ファイバを接続したものをNELから供給する、ケーブルメーカではそれをさらに工事しやすいように光配線と実装をしてクロージャーに納めたらどうかと提案した。ケーブルメーカも、まだ光導波回路に光ファイバを接続する装置を開発してはいなかったからである。全体の価格比率としては、NEL が出荷する心臓部分に対して、ケーブルメーカでさらに追加して実装する部分が数倍も大きかったためメーカも納得した。接続装置はデジタルで自動化されて生産能力に優れ、東芝機械で追加して数台作ればよかった。もちろんチップは NEL で容易に量産できる。問題は接続する人であり、それを管理する人である。FTTH 用の光スプリッターとなれば膨大な数を生産しなければならない。AWG のように数百とか数千個のオーダではない、月に数万から数十万個のオーダである。NEL の工場は研究者集団である。とてもそのようなことができるはずもないしやってはいけないと考えた。

世の中では不思議に良いことも悪いこともなぜか計ったように起こるようだ。2000 年頃であったと記憶しているが、期せずして TDK 株式会社とのコンタクトが始まっていた。その経緯については実は 20 年も前に YAG レーザ用の単結晶を開発していた上田昭平氏が関係している。上田さんは茨城通研を辞職して愛知県の山寿セラミックスに行った。彼はそこで YAG やニオブ酸リチウムの単結晶の事業を立ち上げた。それからいくつかの変遷を経た後に、彼は福島県広野町の楢葉工業団地において江東クリスタルという会社でやはり単結晶の事業を展開していた。上田さんが製造していたニオブ酸リチウム単結晶は、携帯電話の高周波部品、ビデオデッキの中の部品、高級一眼レフカメラ用フィルターなどに使用されていた。今では量子コンピュータにも使用される重要な結晶材料でもある。当時 NEL は光通信用の部品ではぐんぐん伸びていたが、光産業は何も光通信に限定されるわけではない。それは汎用品の光部品、レーザ加工、医療、太陽電池などのエネルギー分野、光センサーなどを含み、幅広く利用価値のある産業技術である。伊澤社長と私、それに当時企画担当の取締役であった山下一郎氏と将来の NEL の夢を話し合って、NEL も広く光産業のポートフォリオを埋めるべき会社になろうと計画した。その一歩として江東クリスタルを小規模ながら買収し、NEL クリスタルとしたのである。

その時点で TDK は NEL クリスタルの重要顧客の 1 社であったため伊澤社長と上田さんは新事業発足の挨拶のために TDK を訪問した。TDK では当時の営業担当の横伸二常務が応対した。そこでは挨拶にとどまらず、ニオブ酸リチウムに限らず TDK と NEL で何かお互いにためになることをしませんかとの話題に発展し、お互い大まかな了解を作っていたようである。それから数日後、おそらく先の了解事項と関係していたことと想像するが、私のところに TDK の技術者から光導波回路用の光ファイバ接続装置を売ってほしいとの電話がかかってきた。TDK でも光導波回路やニオブ酸リチウム導波回路への光ファイバ接続を検討しているとのことであった。後日 TDK から技術者とともに海外戦略営業課長の肩書を持つ佐藤祐三氏が茨城を訪ねてきた。私はその機械は NEL の売り物ではない、だから TDK はその機械を買って独自に何かをやるよりも協業として NEL の部品を接続することをやったらどうかと提案した。そしてその提案は 2002 年の 5 月に突然現実の問題になって、早急に実行しなければならないことになった。

私は 5 月のその日、NTT の京橋会館の会議室にいた。NEL の今後の体制立て直しの議論をしていた。その時に NEL の営業の方から連絡があり、NTT の FTTH 用の光スプリッターとして光導波回路型を使用することが本決まりになった、NEL では 1 年以内に製造体制を構築してほしいとのことであった。私はすぐに佐藤祐三氏に電話をして京橋の会議室に来てもらった。佐藤さんは日本橋の TDK 本社にいたのですぐに駆けつけてくれた。そこで私が話したのは、「TDK は中国に SAE Magnetics という子会社を持っていると聞いている、FTTH 用の分岐回路へのファイバアレイ接続をそこで立ち上げていただけないか、接続技術と装置は NEL から提供する、TDK ではしっかりとした生産管理と信頼性確保をお願いしたい」であった。年間の所要量はおそらく 50 万～100 万個前後、約 20 年継続する予定であることなども話した。彼は常にポジティブな答えをする営業マンである。ぜひやらせてほしい、詳細は持ち帰って検討し返事をする、ということで別れた。SAE の工場は中国広州の Dongwang にあるハードディスクドライブのヘッドを製造している世界的な規模の会社である。後に TDK の社長になる上釜健宏氏が、技術も含めてその事業を世界的な地位に立ち上げたと聞いていた。私はそれほど間を置かず SAE を訪問して現地の人と話した。中国では話が早く 1 日で決まってしまった。それから、NEL 茨城の数名の主だった人が技術や装置の詳細を詰め、瞬く間に SAE の一角が光通信用の工場に様変わりしてしまった。当然磁気ヘッドの工場とは建物も要員も完全に遮断されるように配慮がされていた。日本の TDK から派遣されていた大西氏たちが現場で指揮を執っていた。彼からは、この工場では中国南西部から来た数万人の女性従業員さんたちが働いているが、その多くの人の視力は 2.0 以上あると聞いて、千分の 1mm の誤差を問題とする光の接続には最適な工場になるだろうと思った。

予定通り2003年の1月から光スプリッターの出荷が始まった。TDKに話してからわずか8か月後であった。ファイバアレイは檜山工業から提供された。当初、月に5万個程度で2～3か月は推移したものの、すぐに1万個になり、また急に4万個、5万個と注文が入ってきた。当時価格は1個8,000円くらいしていたと記憶しているが、月に8000万円から5億円近くまで受注量が変動し、生産、在庫、運転資金、要員確保などの点で大変な状況になってきた。NTTもFTTHという初めてのビジネスで在庫管理や発注管理に不慣れな点があったのであろう。やがて2003年春頃になってくると段々受注量の変動も平準化されてきた。まだ少し受注量の変動は無視できないくらいに大きいものの、このままもう少し時間が経てば市場も安定してくるだろう。AWGとともに米やパンに相当する光スプリッターがNELの光ビジネスとして定着したのは、私にとって今後の安心材料になった。結局このビジネスはその後20年後の今も継続し、累計1000万個前後は出荷したことになる。今日の日本の各家庭でのインターネット光回線のほとんどすべてをまかなったことになる。

私はそこまでで自分がNELでやることは終わったと完全に悟った。そして2003年6月に私はNELの常務取締役を辞任しNELを去った。59歳になっていた。

第八章　遂に自分で町工場を始めた

●60歳からの出発

NELを辞めてからすぐに資本金400万円で自分一人の会社を立ち上げた。水戸駅近くで、パソコン1台と机、椅子だけを置くスペースがあるアパートの1室を借りて仕事場とした。会社の名称は、事実の羅列だけの「有限会社中原光電子研究所」とし、先端技術のガラス関連のコンサルテーションを主な事業とした。特に大きな夢も将来計画もなかった。しばらく一人で人生の整理ができれば良いと考えていた。

NELでの紆余曲折があった後の会社作りであったため、夢や希望などがあるはずもなかった。最初に書いたようにGoogleやFacebookの若者たちとは似ても似つかぬ、それは天と地の差よりも大きい状況であった。とにかく私は気持ちを平穏にしたかった。幸いいくつかの会社からコンサルテーションの依頼があった。仕事をしていると気持ちが落ち着いた。インターネットの検索を駆使し、パワーポイントに熱中していると、自分のために時を同じくしてITが普及してきたのかと錯覚するほどであった。しだいに私は気ままな一人きりの会社生活にも慣れてきて、精神的にも正常化しつつあった。この頃は今思い出しても逆に平穏な日々であった。仕事上の悩みや責任はなく、時々は近くの蕎麦屋さんで卵とじそばを食べて満足して、全く平穏無事の時間を過ごしていた。

2005年になって私は同じ水戸市にある株式会社コニックテク

ノの工場の一角を借りて一人で研究を始めた。コニックテクノはその設立の際に少し世話をした経緯があり、2坪ほどの事務室と3坪程度の機械置場を快く貸してくれた。設置した機械は30年前に研究で使用していた光ファイバの線引き装置と同じような装置であった。装置本体はYAG結晶を作っていた上田さんの会社から、その倉庫に除却予定品として置いていた20年以上前の古い結晶引き上げ装置を買い受けたものであった。この装置は元もと高周波炉式であったものを改造し、モータ駆動などの電気回路はほとんど手作りで組み立てたものであった。心臓部である電気炉はやはり30年も前に吉田工業に勤めていた人たちを探し出し、連絡しお願いして、新たにカーボン抵抗炉として製作したものであった。30年後になって、光ファイバの開発を始めた頃の経験や人脈が役に立つとは思いもよらなかった。幸いこれらの装置に関しては細部に至るまで知っていたので、多くはホームセンターなどで買ってきた部品や材料を使用して手作りで完成したようなものであり、費用も驚くほどかからなかった。なぜこのような光ファイバ線引き装置に類似の装置を設置したかといえば、これも30年前に私たちに石英ガラスが何たるかを教えてくれた川喜多さんのアドバイスによる。彼は、石英ガラス市場は半導体前工程などで盛んであるが、一般にはトン単位での商売になっている。だから大量生産の規格品材料しか出回っていない。しかし実際には規格品以外の寸法のガラス管やロッドを必要とする場面も多くある。その都度関連の製造会社は材料調達に苦労している。直径が6mm前後かそれ以下の細くて精密な管やロッドを少量多品種で生産できたら面白いだろうとアドバイスしてくれた。昔の光ファイバ線引き装置と技術があればできるのではないかとも付け加

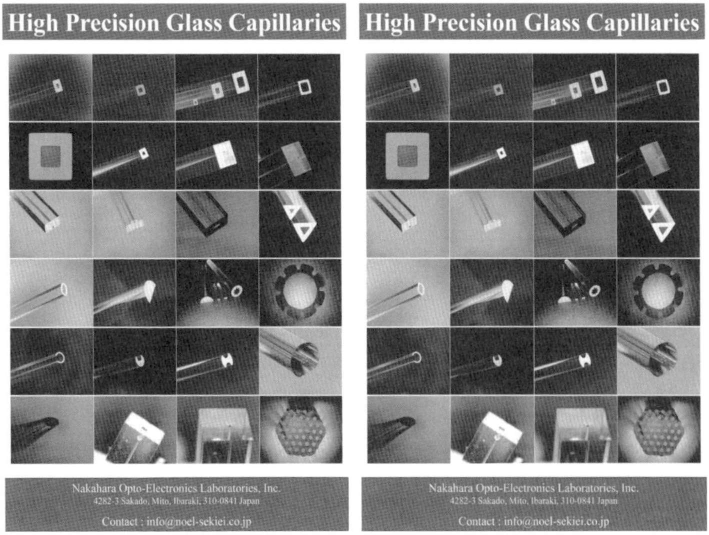

各種ガラスキャピラリー

えた。私は面白半分、老後の趣味のつもりで新たに装置を作製したのである。何かの趣味をするよりも面白く充実した時間を過ごせた。そして、適当にいろいろなサイズの石英ガラス管やロッド、断面形状が四角とか三角、穴の数が2個とか5個とかいろいろな珍しいガラス管製品をその線引き装置で作ってみた。光ファイバの直径0.125mmに対して0.001mmで精密に制御した技術もそのまま役に立ち、高精度・精密のガラス管を特徴にした。このようなガラス管はガラスキャピラリーまたはガラス毛細管と呼ばれていた。それらを写真に撮り自作ホームページも立ち上げて掲載したところ反響はそれなりにあった。大手企業の開発部や大学などから問い合わせが頻繁に来るようになり、少しであったが売り上げも立つようになった。

2006年になって川喜多さんの古い友人から私のところに電話があり、大手鉄鋼関連の会社が直径1mm、内径0.5mmの精密石英管を大量に求めている。私の会社でそれができないかという相談であった。大量とは具体的には1注文で1.2mの長さの管が1万本から2万本であった。手持ちの線引き装置として生産はできる。ただ、大量にものを作るのには気が重かったが、まずは引き受けることにした。これが初めてのビジネスと言えばビジネスであった。自前で作った線引き装置の性能は申し分なく高精度の製品が際限なく作れ、その品質の高さで顧客にも喜ばれた。これまで石英ガラス管の精度が悪くて困っていたのだが、問題が一気に解決して顧客は大変感謝しているとの話も聞いた。そしてキャピラリーの精度が良いのでその後の工程の歩留まりが上がり、前よりは必要とする本数が少なくて済むようになったとも言われた。私としては売り上げが減る方向ではあるが客が喜んでいるならまあ良いかと鷹揚な気持ちでもあった。それでも毎月多額の売り上げが立つようになった。この時期は営業から生産、出荷まですべて一人で行っていたため、会社の利益としても十分であった。この時点で製品検査のための設備投資と運転資金が必要になったため、資本金を800万円に増資して、有限会社から株式会社に変更した。ところがこのような体制は無理であることがすぐに露見してきた。

この線引き装置は4.2mの高さがあった。線引き中は備え付けの階段を上り下りして作業を行うのであるが、そのことが問題になってきた。私は心臓が悪かったことを忘れていたのである。毎日装置の階段を何回も往復することは無理になってきた。心臓弁膜症のために心臓に負担がかかり、心房細動も発症していた。そのため血液をサラサラにする薬であるワーファリンを飲んで脳梗塞を予防していなければならなくなっていた。私は既に60歳をとうに超えていて息切れもし、歳による全身の衰えもあった。会社の名前に研究所と付けた通り、私は自身で量産するつもりは当初からなかった。このまま量産が続くかさらに数が増えていけば一人では立ちいかなくなる。結局顧客にも迷惑がかかる。そう思った私は檜山工業の社長に相談した。その上で、檜山工業にはこの技術のすべてを開示しライセンスする、装置も売却する、ノウハウも檜山工業の社員に実地で教える、この技術に関する基礎技術・業界情報も教える、営業権もすべて与える、としてガラスキャピラリー事業全体の譲渡を提案した。檜山社長は取締役会で議論して数日後に事業譲渡を受ける旨の返事をしてきた。こうして株式会社中原光電子研究所のキャピラリー事業は東海村の檜山工業に移管されて引き継がれることになった。担当には、塩谷正博氏、大友克也氏、小椋昇平氏が選ばれた。塩谷さんは、JDSLがPIRI社の技術を捨て別の会社の光導波回路技術に乗り換えた関連の会社に偶然務めた経験があった。これも縁である。この3名はその後紆余曲折を経て現在、中原光電子研究所で中核の存在となっている。

私はこのキャピラリー事業譲渡によって体力的には楽になった。同時に人生を変えようと思った。そのためにどこか遠いところへ移住し余生を静かに過ごそうと計画した。郷里の九州は最も帰りたいところであったが、逆になぜかそれは避けたかった。そして逆方向の東北の地を選んだ。岩手県花巻市東和町であった。そこは縁もゆかりも何もなく私とはそれまで関係ないアウェイの土地であった。花巻の場所も地図の上でしか見たことはなく、宮沢賢治のふるさとであることも知らなかったほどである。その景色や雰囲気、人々の温かさにひかれてそこに住むことを決めて、家と同じ敷地内に15坪ほどの小さな工房のような研究所を建て、花巻研究所とした。花巻研究所では製造は一切行わず、ガラスの研究や企画に専念した。その後の花巻での生活は計画通り静かで穏やかな日々であった。ところが、心臓は徐々にではあるが悪化していた。それでも日常生活は無理しなければ普通に過ごせた。2011年の3月11日に東日本大震災が起こった。花巻市東和町は内陸であったため家は相当に揺れたが壊れるような被害はなく、津波からも遠く離れていた。家にはテレビを置いていなかったので沿岸部の被害のすさまじい状況は翌日になって知った。花巻でも数日間停電が続いた。食料品は冷蔵庫代わりに積雪の中に埋めたもので間に合わせ、薪ストーブで煮炊きと暖と照明をまかなった。九州や水戸から多くの人が私たち夫婦の安否を心配してくれていたとのことであったが、電話は通じなかった。

●69歳からのベンチャー

2012年になって突然、塩谷さんから電話がかかってきた。檜山工業では急にキャピラリーの事業をやめることになったというのである。そして彼ら3人は首になるかも知れない、装置やノウハウは中国かどこかに売られていってしまうかも知れない、何とかしてくれと訴えてきた。そして再びキャピラリー事業をやる気はないかと問うた。私はその時、自分の歳と心臓疾患のことは忘れて即座にYESと答えた。その1週間か10日後には檜山工業の社長に会い、今後について話し合った。檜山社長は、5年間は続けるつもりであったが、他の事業がうまくいかなくなり新しく事業をする余裕はなくなったと言った。事業移管の契約上はそれでも私には何も責任は生じないはずであった。しかし、若い3人がもしかしたら路頭に迷うかも知れないこと、そして何よりも自分が手作りで作り上げた装置とNTTの研究所時代から培ってきた線引き技術が雲散霧消になくなってしまうことに最も強い抵抗を感じた。ここで人と装置と技術を引き取ることができるのは多分私以外にはいないであろうと思い、檜山工業との契約をすべて御破算にして新たに事業を装置ごと買い戻すことにした。3人も私の会社で雇うことにした。事業移管してからわずか2年しか経たずに逆移管をしたのである。ただ、今度は前と違って人を雇用して行う事業である。一人で気ままにやるのとはわけが違うし、会社形態も責任も異なる。私は、人を雇用するからには会社の規定も必要であるし、小さな会社であっても、経理・総務関係も重要な仕事になる。そう考えて当時東京にいた私の子供（中原和博）に電話して一緒に会社をやってほしいと頼んだ。彼は簿記2級の資格を持っていた。またNELで一緒に仕事をしていた都築さんにも全体統括の番頭的な役目を依頼した。塩谷さんと中原（和博）さんは東京で、大友さんと小椋さんは当分の間は間借りしている檜山工業内で、都築さんは海老名市で、そして私は花巻で仕事をすることになった。まさに場所を選ばない仕事の仕方であった。連絡はメール、電話、FAX、そのうちSkypeのサービスも利用するようになった。こうして2012年8月21日から私は再びキャピラリー事業を開始することになった。8月20日が檜山工業の給料の締日であったため、塩谷さんたちを雇っての新体制での事業化開始を21日からとしたのである。

●心臓手術

ただその前に私にはやるべき重要なことが一つ残っていた。事業をするには体力が必要だ。そのためには心臓疾患を何とかしなくてはならなかった。このままでは悪くなる一方であることはわかっていた。心臓疾患という爆弾に決着をつけるには手術する以外に方法はなかった。9月になって、私は盛岡市にある岩手医科大学循環器医療センターに2週間の検査入院をした。そこでは心臓手術をしても体が耐えられるか、他の基礎疾患がないか、手術の最適な方法などについて詳しく検査してもらった。本当のところ手術はしたくはなかった。もしもの失敗を考えると恐ろしいというのが本音であった。前にも書いたが、医者の説明によると失敗率は1～2%とのことであった。1%と言えば20dBに相当する。光ファイバとしては全く初期的段階ではないか、0.2dBでなければ安心はできなかった。しかし内視鏡超音波エコー検査を受けた時に、検査技師から鮮明な自分の心臓を見せてもらい、クラゲのようにふわふわと弱弱しく波打っている心臓弁を見た時には、もう自分には手術以外に方法はないと悟り観念した。助かる確率は手術のリスクを考慮したとしても手術をした方がしないよりは高いと確信した。そして手術を申し込み、2012年11月13日に手術することに決まった。手術当日には妻と娘の舞が付き添ってくれた。息子の和博には仕事を大切にしてほしくて、手術の後に来るように伝えた。当日は着替えをしながら、やはり家族は有難いものだとしみじみと思った。朝8時30分に看護師さんが迎えに来て私は車椅子に乗せられて手術室に向かった。エレベータの扉が閉まる時に妻と娘が手を振っているのが見えた。これが最期かも知れないと覚悟した。手術室はいろいろな器具や装置、管が所狭しにあって実験室のようであった。幅の狭い黒革の、ベッドというよりは長椅子のようなものに仰向けになって目を閉じた。私は手術台に上って麻酔を打たれる時に何を考えようかと前もって準備していた。当然ながらまずは家族のことであった。特に私が手術する決心がついたのも花巻に移住したことが発端となっている。それを理解し協力し励ましてくれた家族の皆に感謝の気持ちしかなかった。そしてもう一つ何か自分だけの思い出も目に浮かぶようにしようと考えていた。それは昔、オートバイで四国の四万十川に行った時に、高知県中村市のある小高い丘の神社の境内で5歳くらいの女の子にカメラを預けて写真を撮ってもらった時の瞬間だった。なぜか、こんもりとした神社の森の中に、どこから来たのか小さな女の子が一人でいたのが不思議であった。まるで座敷童のようであった。死を目前にした時に何か人生で一番印象に残る出来事をなんでも良いから一つ決めておいて良かったと思った。ただ実際には、座敷童を思い浮かべようとした時までしか記憶にない。その瞬間に私は意識を失ったようだ。手術は5時間かかったそうだ。幸い、機械式弁でも豚弁でもなく自己弁形成術が成功したとのことであった。運よく執刀医は「神の手」と言われる名医だった。翌朝、集中治療室で目が覚めた時、2m横に妻がいるのが見えた。彼女は目に涙を浮かべていた。私は生きていることを実感した。心臓の鼓動はオシロスコープに表示されていたが、まだ外部からの電気パルスで強制的に鼓動していた。オシロスコープの下の方に自己脈が表示されていたが、最初はフラットの状態だった。それが少しずつ波打ってきて、まるで植物の芽が成長しているようにわずかであるが信号を表示してきた。数日後に自己脈の信号は遂には外部電気パルスと肩を並べるように大きく成長した。集中治療室に3日間いて元の病室に戻された。まだ体はスパゲティーのようなパイプだらけであったが、特に痛いところもなく、体液や血液の排出用の大きくて重いドレインケースを引きずってリハビリに励んだ。心房細動も、弁手術の際に心臓に無数に切り傷を入れるメイズ法を行い不整脈が出ないようにしてくれたらしい。その後「アンカロン」という脈をコントロールする薬も投与された。人間の心臓は体の左側にあるのではなく中央部にあるそうである。だから心臓手術は肋骨の柱部分を真二つに縦方向に切って広げて心臓を出して行うそうである。胸骨正中切開法である。手術後は肋骨を閉じて、切った骨の柱は針金で結んでいるとのことであった。その痛みも全くなかった。ただ食欲は全くなく、日増しに痩せていった。ある日、妻のかをるが盛岡の町でカツオの刺身を買ってきてくれた。本来食品の持ち込みは禁止されていたが食欲を増すためには仕方がなかった。その日私はカツオの刺身を全部平らげた。そのおいしかったことは今も忘れられない。あくる日看護師さんが体重を量りに来て1kgも私の体重が増えていることに不思議がって何度も量りなおしていた。私は黙ってそれを見ていた。お見舞いに九州博多から井本元義氏が来てくれた。彼は大学時代の親友で、大変心強く感じた。彼は盛岡で牡蠣そばを食べて気に入り、「あちらこちら文学散歩」にその感想を書いた。12月のはじめ頃私は退院した。

退院してすぐに光ファイバで一緒に仕事をした高橋志郎さんが息子の和博と一緒に花巻に来てくれた。当時私は花巻研究所にて医療用のキャピラリーの開発をしており、それを2月までにまとめなければならなかった。その手伝いに泊りがけで来たのである。私は未だ1～2時間立っていたら横にならなければならないほど体力が弱っていた。12 月で雪が降る日もあった。彼らは数日滞在して帰り、また次の週に数日の滞在の予定で来てくれた。この時も人の有難さを身に染みて感じた。病気をするのも悪いことばかりではない、人の有難さを感じて謙虚な思いにさせてくれる。

●生き返って再出発

2013 年の正月からの冬の間、私は、手術のために切断した肋骨が雪道で転んで折れたりしないように用心しながら静かに過ごした。やがて春が来て体調も回復してきた。それとともに気力も充実してきて、ようやくまた仕事をしようという気になった。2013 年は丁度 70 歳になる年だった。花巻では雪が解け、桜のつぼみが出た頃、私は体調を見計らいながら水戸に出張に行った。生きて皆に会うのが楽しみだった。当時の会社の売り上げは年間3,000 万円を少し上回る程度で、人件費、材料外注費などを支払うと決算は真っ赤であった。またキャピラリーを製造している場所は檜山工業の間借りであり、これを何とか解消しなければならなかった。私は水戸市内の近傍で工場を探して回った。NEL 時代にバブルと気づかず次々に工場を建てて大きな失敗をしたことがあるため、必要最小限または最適な規模の工場については慎重に考えていた。また資金もすべて自分の老後の資金から出すため限られていた。市内外を回ってみると土地はずいぶん余っていた。ところがそれらのほとんどすべては市街化調整区域であり土地価格は安いにもかかわらず、放置されたままで雑草が生い茂っていた。そしてこれらは残念ながら工場用には借用または購入することはできなかった。さらに、貸工場を見つけるのは至難の業であった。貸しビルはあっても土地利用法の制限があり工場には利用できなかった。工場と言っても煙や、廃液や、騒音を出す工場だけではない。行政は昭和の高度成長期の工場の認識をそのまま残しているとしか思えなかった。私たちの場合、町の真ん中で操業しても良いくらいである。私が茨城通研で4階建ての研究棟を1階から4階まで一部吹き抜けにして線引き装置を入れたのと同じく、町のシャッター通りの空きビルでそれを再現しても良いほどである。工業団地も整備されているが、多くは一区画が広大な面積で販売されている。流通拠点用か大手企業の大工場用なのであろうか？　ベンチャー企業にはそんなに広い土地はいらない。この状況は今も変わっていない。政府はAIとかデジタルとかベンチャー育成とか格好良い言葉を並べて日本の技術復興政策を打ち出しているが、現場は全くそうはなっていない。ベンチャーに何万坪の工場は不要であろう。それをしかも人里離れた場所に作って優秀な人材が集まるのであろうか。日本がものづくりを柱とした産業立国を目指すのであれば、その形も重要ではないだろうか。例えばレストランで、顧客が食事をする場所だけピカピカの環境にしたとしても、厨房がみすぼらしく暗くてはアンバランスではないだろうか。それは工場についてもいえる。むしろ工場こそが、顧客にアピールしたり共感を得るための最大のツールではないかと私は思う。中国も含めて諸外国の工場は、みすぼらしい建物や人里離れた山奥で操業しているところは少ない。中小の工場でも風情ある、風格ある、一見歴史もありそうな、あるいは人が働きたくなるところに存在しているのである。そして賃貸の工場の流通も多い。中国のベンチャーの人は、政府から工場を作ってもらったと自慢げに近代的なガラス張りの新工場の写真を見せ

倉庫での操業準備

てくれる。このような人たちと私たちは競争をしなければならないのだ。

結局私たちは水戸市酒門町に100坪ほどの倉庫を見つけ借りることにした。日本での貸工場とは倉庫しかない。倉庫を工場として操業するしかない。私たちも初期の頃はガレージでも良かった。しかし既に会社はリピートや量産が始まりつつあり、もはやガレージではどうしようもなかった。借りた地域は準工業地域の指定であったが、戦後日本軍の飛行場跡を開墾して満州からの引揚者たちに農業用地として利用してもらった場所であるとのことで、道は畔道のように狭く、頻繁に出会いがしらの交通事故も起こる場所であった。しかし他にないのであるから私たちはそこに引っ越すことに決めた。屋根にはところどころ穴が開き、日が差し込んでいた。2013年の8月8日、東海村の檜山工業から引っ越しをした。引っ越しには装置の解体と再組み立て含めて約1000万円の費用がかかった。これは私たちにとっては極めて多額の出費であった。せめて床は埃が立たないように防塵塗装をした。当時東京神田に月5万円で小さな営業事務所を借りていたが、そこも引き払って工場に集約化した。工場と言っても倉庫であるため冷暖房はなく、内壁も天井も断熱材もなく、夏は暑すぎてとても稼働させることはできなかった。仕方なく私たちは8月の下旬まで休業とした。冬になっても暖房がないため、皆ヤッケを着て作業をした。日本のベンチャーの実態はこうなのである。私たちの会社は高精度・高精細なキャピラリーを特徴としていたため、検査室だけにはエアコンを入れた。またキャピラリーの寸法を測定する顕微鏡はどうしても必要だった。これだけはキーエンスの高額な顕微鏡を購入して準備した。これも高級外車並みの価格がして老後資金は遂に底をついた。2014年になってようやく天井と壁を取り付け、冷暖房設備を設置して女子トイレも作ることができるようになった。売り上げや利益はまだ多くはなかったが、私たちは開発をやめることはしなかった。そしてこの頃から私は花巻と水戸の約430kmを約1～2か月の間隔を置いて自家用車で往復することになった。長期の滞在のための家財道具を積んでの移動である。その時期に中継点として福島の岳温泉に宿泊することもあった。そしてたまたま泊まった旅館で出会ったのが序章で紹介した、安田力壽氏の自費出版である『ある農民兵士のいくさ回顧録』の書籍であった。

●アナログ技術でデジタル市場に向かう

2015年になって、それまで経済産業省の「戦略的基盤技術高度化支援事業」(通称サポイン事業と呼ばれていた) で開発していたデジタルコヒーレント光伝送用の光ファイバ接続部品が完成し商品として販売するまでにこぎつけ、その時点から売り上げが拡大していった。サポインへの応募は岩手県の「いわて産業振興センター」を通じて行った。岩手大学との共同開発であった。サポインに採択されるには中小企業庁の厳しい審査をパスしなければならない。この点において「いわて産業振興センター」は私たちに丁寧に適切に助言してくださり、その後の開発期間中も詳細にわたって指導をしていただいた。

コヒーレントとは鏡のように平らな水面に小石を1個だけ投げた時の波が伝わる現象に譬えられる。テレビやラジオの電波はコヒーレントである。逆にこれまでの光通信はコヒーレントな通信ではなかった。光源の半導体レーザはコヒーレントの光を出している。しかしそれを超高速でON/OFFして光の明暗を0と1のデジタル信号として伝送していた。つまり光の強度変化を利用しているのであって、コヒーレントな光の性質は十分に活用していなかった。それが最近できるようになったのである。コヒーレントな通信になれば、より高速大容量な情報を雑音なく遠くまで送ることができる。そのようなシステムがデジタルコヒーレント光通信システムである。なぜデジタルかと言えば、光信号処理に半導体のDSP（Digital Signal Processer）を使用してコヒーレントな光通信を可能にしたからである。このDSPは日本で開発された。この最先端で複雑な伝送装置にも小さなガラス部品が必要なのである。この装置に外部からの光信号を入出力させる箇所にガラス部品が必要となっている。私たちはそのためのガラス製入出力部品をサポインで開発した。現在では毎月かなりの数を量産している。例によって何十年も前のアナログ的なガラス製造技術がそのまま役に立っている。昔と違って、製造用のガラス延伸装置は要所要所がデジタル制御にはなっていてデジタルは十分に活用しているが、キーとなる技術は各種製造条件の摺り合わせが必要なアナログ技術である。現在このガラス部品を製造できるのは

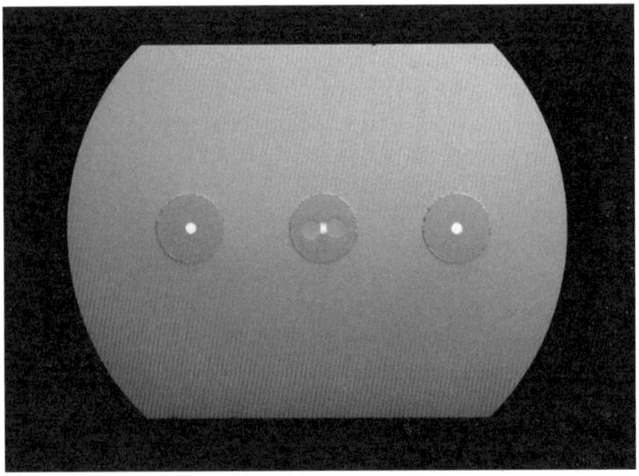

3芯のファイバアレイ　中央はPANDAファイバ

私どもの会社の他には日本に2社しかない。そして世界的にもこの3社のみである。その内の1社は数兆円規模の超大企業である。私どもの会社の1万倍以上の規模である。もう1社も上場企業である。全く規模的なバランスが取れない競争関係である。蟻と象が競争しているようなものだ。しかし競合のその分野だけに注目してみると、超大会社や零細企業と言ってもその対象事業体そのものを比べれば同じような規模なのかも知れない。いずれにしても競争相手の存在は社内の士気高揚にも大いに力になり、今は次々に社員の提案で技術や関連製品のバージョンアップが行われている。これまではコヒーレント用ファイバアレイは2芯が主体であったが、最近では世界の顧客から3芯のファイバアレイが求められている。2芯と違って、3芯ではそれぞれの穴が相互作用するため、穴の間隔を0.5ミクロン以内の精度に収めることは大変難しく、これまで誰も成功していなかった。私どもは自主的にこれを開発し、キャピラリー型で3芯のファイバアレイを実現することに成功した。このキャピラリー型のファイバアレイは260℃の高温処理にも耐えられ、光学特性的にも優れているため、既に使用されているV溝型に替わる製品として期待されている。

国内のある大手有名会社の質量分析装置用のキャピラリーの売り上げも増えた。この事業は檜山工業で塩谷さん以下数名の社員が、事業継続の不安を抱えながら開発していた案件であった。私が再びキャピラリー事業を開始した直後にこの事業は商用化段階に入り、額は多くはないがその後10年近くも安定した売り上げを維持している。しかもこのキャピラリーが顧客の最先端の分析装置のキー部品となって全世界に売られていることは社員の誇りにもなっている。

その後2017年になって、これも何十年も前に経験したミニプラントの技術が役に立ち、集積型のGRINレンズ（GRaded INdex lens）の開発にも成功し、国内と外国に特許を出願した。

GRINレンズとは両端が平面であるにもかかわらずレンズ作用をするレンズである。通常のレンズは表面が丸くカーブしている。表面がカーブしているから光を屈折して焦点を結ぶ。GRINレンズは、表面は平らであるのでそこでは屈折しない。ただし、GRINレンズの内部の屈折率は一定ではなくレンズと同じようにカーブしている。ガラスの表面形状でなく内部の材料成分の分布状態でレンズ作用を持たせたものである。この原理は古くは1960年代に光ファイバが出始めた頃に発見されていた。その後、私たちが1970年代の後半にミニプラントで開発していたVAD法による光ファイバ母材も、GRINレンズと同じような材料と構造を持っていた。当時はこれを光通信用のファイバへの応用に目的を絞って開発していた。私たちは、今度はこれを光ファイバではなくレンズに応用した。ミニプラントで開発していたマルチモード用光ファイバ用母材に類似の母材を複数本並べて石英ガラスの中に封じ込めて線引きし、直径が 0.2mm 程度の複数の小さなレンズを千分の 1mm の精度で正確に並べた部品である。これまでの GRIN レンズと違って、複数のレンズが最初から高精度に整列しているため、アレイ化の組み立て工程がなく、経済的であることに加え、全体が石英ガラスで一体化しているため 1,000℃以上の高温でも使用できるなどの優れた特徴を持つ。このためこれは今後、半導体、光通信、医療、自動運転用の AI、衛星光通信、ブロックチェーンなどへの多くの利用可能性が出てきている。

私たちがこの GRIN レンズの利用で最初に開発したターゲットはシリコンフォトニクスチップへの光ファイバ接続部品であった。シリコンフォトニクスとは、シリコンつまり電子部品の半導体集積回路と、フォトニクスつまり光集積回路を一体にした部品のことで、その造語である。これは、省エネルギー、省スペース、低コスト部品として期待されており、今後の光通信やデータセンタのみならず一般の電子製品にも適用可能である。しかしこれまでこのシリコンフォトニクスのチップ部品に光ファイバを接続することは難しかった。これを解決する一つの方法としてチップの上部表面に光ファイバ端面を突き合わせる方法が提案されていた。ただ、この方法ではどうしても光ファイバを曲げる必要があった。光ファイバを曲げれば折れやすくなり、急角度では曲げられないため、どうしても部品全体が厚くなる欠点があった。私たちは光ファイバを曲げるのではなく、光を曲げることでこの課題を解決し、部品の厚さが 1～2mm（従来の 1/5～1/2）の超薄型の光接

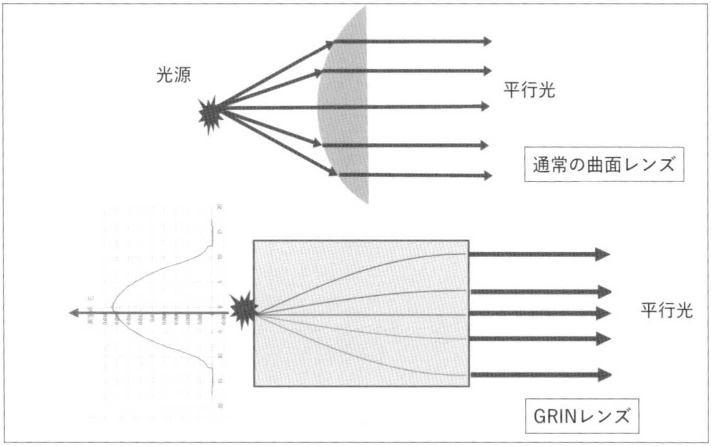

GRINレンズの原理

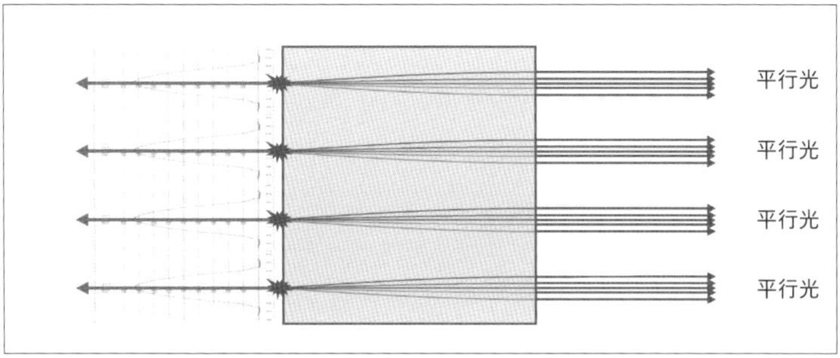

集積型GRINレンズ（4チャネルの場合）

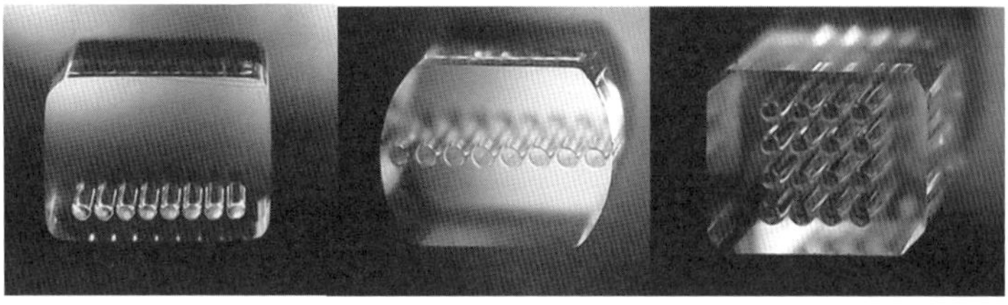

GRINレンズの例

続部品を開発した（S-LPC: Straight-type Low Profile Coupler）。この開発は2020年から2022年3月までの期間、経済産業省のサポイン事業によって岩手大学花巻サテライトといわて産業振興センターと共同で実施したものである。開発した部品はその市場での評価を得るため2023年3月にアメリカ・サンディエゴで開催される光通信国際展示会（OFC: Optical Fiber Communication）に出品する予定であり、現在はそのための準備をしている最中である。

また、引き続き2022年には、ファイバからの出射ビーム径を拡大して平行光にするためのGRINレンズ開発も始めた。なぜビーム径を拡大する必要があるかと言えば、シングルモードファイバで光が通るコアはわずか10ミクロンの直径しかない。このためコア部分にわずか数ミクロンの微小な埃が付着しても光の透過強度が落ち、通信の遮断や故障の原因となる場合がある。現在スマートフォン、YouTube、動画配信、社会的なデジタルの実装の増大によって情報通信量は爆発的に増大している。これらの情報は一旦すべてデータセンタに蓄積され配信される。データセンタの建物は大きいものでは1kmもの長さがある。この中に数千台のサーバーや通信機器が格納されて24時間稼働している。光ファイバのコアに埃が付着するのを防ぐためにこのデータセンタをクリーンルーム化するとしたらその建設や電気代、メンテナンス代に膨大な費用が必要になる。このため一般にデータセンタ内部はクリーンルーム化されておらずに塵埃が飛び交う環境になっている。もしも光ファイバから出る光の直径が大きければ小さな埃が付着しても光強度が落ちることはないだろう。このような考えのもと、ビーム拡大型光コネクタが以前から提案され一部では

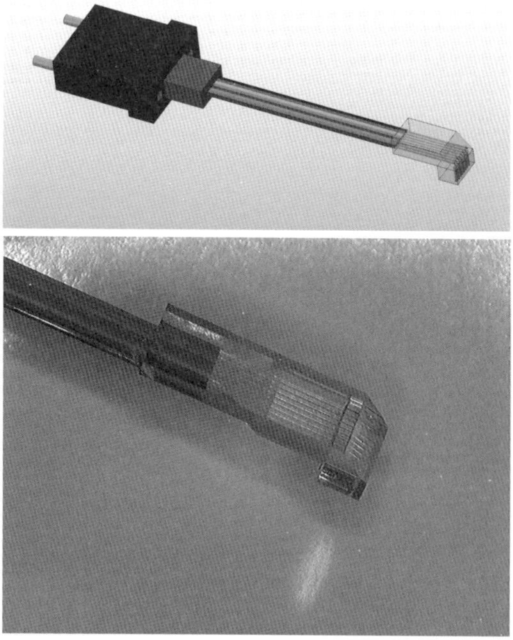

S-LPC

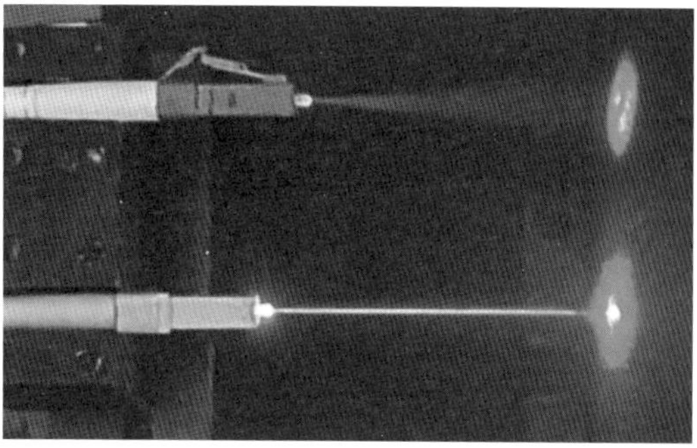

光コネクタからの光線　下：GRINレンズ付コネクタ

使用されてきた。私たちはここにGRINレンズを使用することを提案している。ビームを拡大するにはレンズを使用すれば良い。レンズにはガラス、プラスティック、シリコンなど各種材料の製品があるが、私たちは1芯のみでなく多芯の光コネクタにも対応できるように集積型GRINレンズを用いることにした。これによって埃がある環境下でも光コネクタの清掃作業を簡略化できメンテナンスが容易になるはずである。

さらにデータセンタ内で多数の電子機器を稼働すれば熱が発生する。この熱を冷やすためには膨大な電力を消費してデータセンタを空調しなければならない。この空調の電力を節約するためデータセンタを北極や寒い地域に建設することもあり、巨大タンクに入れて海の中に沈めることも試みられた。しかしこのまま世界の情報量が増え続ければデータセンタでの電力消費量は2030年には3000兆ワット時／年にもなり、これはかつての福島第一原子力発電所1号炉の発電量の750倍に相当する。世界の全電力消費量に対する割合でも9%に達し、2050年には世界の全発電量を上回ると予想されている。あり得ない数字である。このため現在はデータセンタで使用する省電力化した電子機器・部品、光部品の開発とともに、データセンタ内のサーバーをそれごとオイルなどの液体に浸けて冷却する液浸冷却方法が普及しつつある。つまり光伝送装置をオイルの中にジャブ浸けするのである。これにより、冷却の電力量は一気に10分の1以下に削減されその効果は絶大である。しかしここで一つだけ重大な問題が発生している。それは電気のコネクタはオイルの中で絶縁性が保たれ問題にはならないが、光コネクタは一度抜いたら使えなくなる。もう一度使うには表面をきれいに清掃しなければならない。そのために

埃環境や液体中でも使用可能な光コネクタ

は多くの時間を要し実際的にはメンテナンスするのが困難になる。このため埃対策と同様に光コネクタの先端にレンズを取り付け、光ビームを広げて平行光にしオイル中で相手側の光コネクタと結合し、清掃なしで抜き差しできるようにする部品の開発が求められている。埃対策と同様にここでもGRINレンズによるビーム拡大はその解決方法の一つであり、特に集積型GRINレンズは1芯から24芯まで対応できるため今後その実現が期待されている。

データセンタというデジタル社会の根幹ともいえるところの脱炭素化に私たちのような零細企業が貢献できるとしたら光栄である。そしてその最大の利用者はまさにデジタル社会の象徴でもあるGAFAなのである。私たちの会社は、蟻が象と競争している場面もあれば、蟻が象に貢献している場面もある。アナログの象徴でもある、炎の流れ、気体の流れ、熱の流れ、ガラスの流動、などを自然に倣って日本人的に制御して作り上げてきた技術が、人間の意思で構築され制御されたデジタル世界に貢献しようとしている。この開発は2022年秋から2024年春までの期間、経済産業省の補助金事業、Go-Tech（旧サポイン）を活用して、株式会社ひたちなかテクノセンターの指導のもと、大阪電気通信大学との共同研究として行われている。開発技術者はNELを退職した人たちが多く駆け付けて担当している。皆70歳前後の開発のプロフェッショナルであり、これまで光通信の分野で活躍してきた人たちである。NEL出身者としては宮さん、有島功一氏、照井博氏、黒沢善氏、海老沢文博氏、そして檜山工業で設計・開発担当をしていた田地修司氏がいる。当初からいた社員たち、塩谷さん、大友さん、中原（和博）さん、小椋さんに加えて櫻井知恵氏も総務経理担当として入社した。さらにこの1～2年の間に若い、豊田竜也氏、矢内秀之氏、横山春香氏も仲間に入った。都築さんは厚木でテレワークをしている。

2022年6月20日で私は代表取締役社長を塩谷さんと交代し、会長兼特別研究室長になった。80歳を目前にしてようやくまた研究員になれたのである。思えばミニプラントを命じられて約40年、私はようやく好きな研究をすることができる身分になった。と言っても単なる研究にはやはり興味が湧かない。その成果が社会に使われて初めて研究の意味が出てくるという思いに変わりはない。私の中では研究から開発、そしてその製造・販売を通して社会での普及が連続的につながっている。死の谷を乗り越えようなどとは思っていない。ただ全工程の道を見失うことなく自分から真っすぐに進むだけである。立ちすくむから谷に見えてくる。自分から前に歩けば良いのだと思う。ただ、自分は真っすぐに進んできたつもりであっても、振り返るとずいぶん曲がった道を歩いてきたものだと思える。地球上で前を向いて真っすぐに進んでいけば、遂には元の場所に戻る。地球は丸い球体であるため、地球の外から見ると曲がって歩いていたからである。天に向かって真っすぐに進んでいけば、何百億光年かなたの宇宙の果てに到着することなく、やはり元の場所に戻ってくるという説もあるらしい。この宇宙の外、つまり４次元の空間では宇宙も曲がっているからである。私は研究や開発や事業も概念的にはこれと同じであると思う。自分はその場その場で真っすぐに進んでいたつもりでも振り返るとずいぶん曲がっているものだ。しかしそれで良いと今は思う。私は日本人の感性を大切にして研究開発を続けたい。今は既にこれから開発するテーマは決めている。ただ、一つを開発すればまた次のテーマが現れてくるので終わりがない。そして終わりがないことを望んでいる。

最終章

2022年9月18日から22日にかけてスイスのバーゼルにて第48回ヨーロッパ光通信国際会議が開催された。今回は光ファイバが実現されてから50周年記念でありその記念シンポジウムが行われた。正確にいうと、コーニング社の20dB/kmの光ファイバの発表は1970年であるのでそれから52年目であるが、今日でも広く用いられているゲルマニウム添加の実用的な光ファイバは1972年に実現できたため、それから丁度50年目に当たるとのことであった。シンポジウムでは50年前の主要な研究者からの講演があった。コーニング社からPeter C. Schultz氏、NTTから伊澤達夫氏、住友電工から金森弘雄氏、サウサンプトン大学からDavid N. Payne氏などが当時の研究現場を振り返って、当時のエピソードも含めての講演を行った。

私はこの国際会議とは別件で、GRINレンズの商談の関係でオランダとイギリスの顧客を訪問する予定があったので、新型コロナウィルス感染症の感染状況も落ち着いていた時期を見計らって伊澤さんと一緒に渡欧し、会議を聴講することにした。

Schultz氏の講演は、いかにしてゲルマニウムが蒸発しないようにして石英ガラス中に含有させることができるかについての悪戦苦闘の失敗談そのものであった。伊澤さんの講演は、日本独自の技術開発を目指してのものであり、ゲルマニウム含有の透明で泡のない石英ガラスを軸方向に得ることの難しさを自身の多くの失敗体験を通じて語っていた。特に彼はNTTの人事政策のために開発途中で異動になり、開発を全うすることはできなかったが、結果として彼が発明したVAD法が世界の主要な光ファイバ製造方法の一つになったことを踏まえて「人間万事塞翁が馬」を英訳して結語とした点が印象的であった（Fortune is unpredictable and changeable）。住友電工の金森さんは超低損失ファイバや超高密度ケーブルの開発の体験を話されていた。講演後金森さんと雑談していた時、NTT研究所においてVAD法の二重火炎高速合成に成功した時点が、日本のメーカがVAD法で本格的量産へ進む決心をしたターニングポイントであったと言われた。この言葉を聞いて私は、ミニプラントやその後の開発を行ったことが決して無駄ではなかったと思い大変感激した。

私がこのシンポジウム全体を通じて感じたことは2点ある。一つはコーニング社もNTTも光ファイバの開発に関して対象となっている自然現象を注意深く謙虚に観察しその本質は何であるかを見極めることに重点を置いたことである。そしてその解は多くの失敗経験の中から出てきたものであり、一つ一つの行動は論理的な思考の積み重ねではあるが、最終結論は理論が導いたものではなかった。私はこのことを広い意味でのアナログ的手法と捉えている。このことはいかにデジタルの時代になっても研究開発には不変の手法ではないだろうか？　もちろん逆に理論的な予想を元に進める手法もあるが、それとても現実には多くの予期しない失敗を重ねながら、つまりアナログ的な経験を積みながら、成功に導かれるものではないだろうか。特に日本はものづくりを産業の強みに置いて発展しようとしている以上、これまでのアナログ的な技術開発の手法をデジタル技術の活用で強化し、次のイノベーションにつなげるべきであろうと確認した。

二つ目に感じた点は、コーニング社もNTTも全く独自に技術を開発したわけではなかったことである。コーニング社では100年以上に及んで培われた石英ガラス製造技術の基盤の上に外付け法（OVD法）を開発した。NTTにおいてもそのコーニングの技術を参考に独自に軸付け法（VAD法）を開発し、ベル研究所も同様に内付け法（MCVD法）を開発した。それぞれの特徴を生かして今日の主要な光ファイバ製造方法になっている。いずれも、誰もが考えもつかなかった全く新しい技術を開発したのではなく、過去や他者の技術を参考にしながら、自分たちの目的に合った技術にするには何を改良し何を開発すれば良いかじっくり考え、実験を重ねながら成功に持っていった。他の技術は参考にし、真似をし、自分のものにし、さらにそれを超えることができる。しかし歴史や人の気質は真似することはできない。何を参考にするか、何を真似するか、その後どうするかが重要である。講演者たちは、最初から誰も考えつかないような新しい技術の開発や、誰もできないような、他者の追随が不可能な技術を開発しようとしたわけではない。目的に対してぶれることなく他を参考にしながら真っすぐに取り組んだ結果、新しい技術が生まれたものだと痛感した。

このことは会議終了後イタリアのボローニャにあるマルコーニ博物館を訪問して、さらに確認することができた。

よく知られているようにマルコーニは無線通信の実用化を行った人としてノーベル賞を受賞し、アメリカでRCAの大会社も設立した実業家である。私は憧れのマルコーニのゆかりの地に行ってみたいとかねてから思っていた。今回バーゼルからボローニャまではそれほど遠くないことを知り、休日を利用してそこに電車で行ってみることにした。

マルコーニの生家はボローニャ郊外の丘の上に建っていて現在

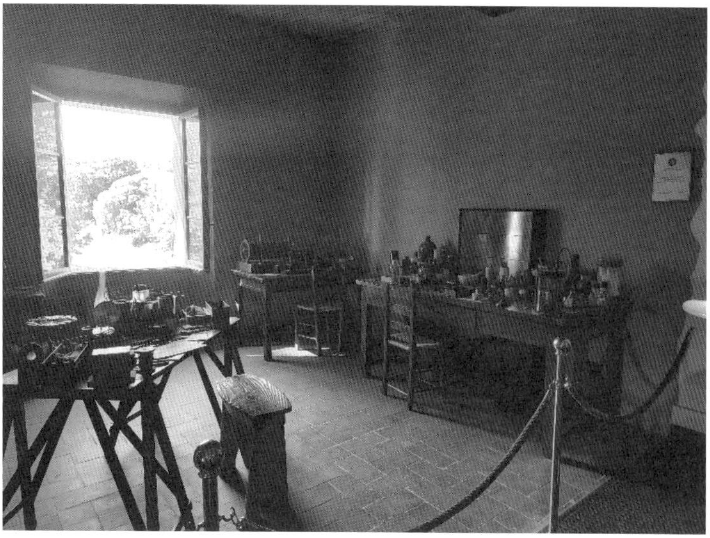

マルコーニの屋根裏の実験室

は博物館になっていた。2階（屋根裏）にはマルコーニの実験室がそのまま残されていた。空間中を電波が伝搬することはハインリッヒ・ヘルツが火花放電の実験で証明していたが、その伝搬距離は10m程度の短いものであった。その数年後にマルコーニはこの伝搬距離を長くすることに焦点を当てて研究を行った。彼が使用した実験装置は、送信機、受信機、アンテナ等でありその多くは手作りであり、その原理はどれも当時既に知られていたものばかりだったと博物館の案内員は説明してくれた。マルコーニはこれらの装置に改良を加えて電波が到達する距離を徐々に延ばしていき、屋根裏の実験室から屋外へ、丘の上から向こうの丘へ、100mから数kmと距離を延ばし、遂に大西洋横断の3,400kmの無線通信に成功したのである[16]。マルコーニもまた既知の原理、現象、装置を元に、実用的な無線通信の開発を目的にした結果、通信の世界にイノベーションをもたらしたのであると、改めて現地にて実感できた。

さらに余談ではあるが、私はバーゼル滞在中、偶然に市民美術館でピカソとエル・グレコの特別展が開催されていることを知り入館した。抽象画を描くピカソは全く独創的で誰も考えつかなかった絵画のジャンルを開発した天才・偉人だと私は考えていた。しかしこの特別展では、ピカソはグレコの画のデッサンや構図を勉強し参考にして、多くの作品を作り出していったことを、二人の画を対比して、同時に横に並べて示していた。エル・グレコはピカソよりも約300年前の画家である。グレコの自画像はピカソの自画像と重なり、筆を持っている腕の角度まで類似の画も展示されていて、確かにピカソがグレコに大きな影響を受けたことを納得させられる作品が多数並列に展示されていた。分野が異なるので私が誤解しているのかも知れないが、美術の世界で、天才と呼ばれる画家たちも、先人に学び模倣しながらも自分が目指す目標をぶれることなく貫き、遂には独自の世界を創造していったのではないかと思えた。そしてこのような姿勢は一般の技術開発と似ているかも知れないと私は理解した。ただ、何を目標とするのかが重要である。

日本は国土が狭く資源が少ない、今後は人口も少なくなると予想されている。そのような状況で日本がものづくりを国内産業の柱の一つとして選択するのは自然なことであると考える。これまで私の体験を通じて既に述べてきたことであるが、ものづくりには自然と向き合うアナログ的な思考が欠かせないと私は思う。これはデジタルに対抗することでもそれを否定することでもない。

ものづくりは自然界との調和である。そのことを忘れたりおろそかにしてはいけないと言いたい。アメリカのデジタル産業やシリコンバレーの華やかさに魅了されて、惑わされて、表面的に真似をしても日本とは相性が悪いように思えて仕方ない。それは技術の問題ではないからだ。第二の Google を目指すとか、シリコンバレーを目指すとかしても、徒労に終わる可能性が高いと思える。Google やシリコンバレーはアメリカでしか生まれなかったものであり、今後もそうであろう。何を真似して教わるべきか、自分たちの足元をよく見た、日本の強みを生かした戦略が望まれているのではないだろうか。

幸い日本にも若い人たちの間でデジタルネイティブな人が多く育っている。今後のものづくりにおいてはアナログ的なものづくりをデジタル技術で強化し、効率的に、守秘的に、戦略的に発展させていくことが肝要だと思われる。そしてその中身のものづくりは、アナログ的な思考で、世界の先人や他者の開発成果とリンケージを取りながら、しかも結果として独自の技術につながっていくことが肝要であると思う。今後はそのことに対して日本の若いものづくり技術者やデジタル技術者に期待したい。彼らはその実力を十分備えていると私は日々の触れ合いを通して知っている。

以上、20 代前半から 80 歳に至るまでの 50 年間以上の私の体験について記憶を頼りに書いてきたが、この本が今後の日本の技術開発に携わる人たちにとって少しでも参考になれば幸いである。参考にならなくても、少しでも考えるきっかけになるだけでもこの上なく有難いと思う次第である。

謝　辞

この本は、一部を除きほとんど過去の記憶に従って書いた。その記憶はかなり遠い昔のことも含まれていたが、不思議に極く自然に次々にありありと思い出されて文章にすることができた。多分体験が体の中に浸透していたのであろう。しかし自分としては記憶に自信がない箇所やあいまいな箇所もあったため、当時の研究当事者の何人かには読んでいただき、記憶違いや記憶の抜けなどを指摘していただいた。

伊澤達夫さんには VAD の初期の頃についていくつかの私の記憶違いを修正していただいた。塙文明さん、須田裕之さんにはミニプラント時代の記憶について確認していただき、間違いを修正した。宮哲雄さんには、ミニプラント時代から NEL 時代まで含めて全体的に読んでいただき多くのコメントもいただいた。都築信頼さんには特に NEL 時代についての記憶の確認をさせていただいた。当時の関係者から開発時点での貴重な写真を提供していただいた。これらのことに関して心から謝意を申し上げる。

また、長い間私の行動を理解し、協力し、支えになってくれた家族、兄姉たちに心から感謝する次第である。

末尾になったが、この本の出版に際して助言をいただいた新潮社の橋本恭氏に深くお礼を申し上げたい。

2023 年 1 月 31 日

中原基博

岩手県花巻市東和町にて

参考文献

（1）『グーグル秘録』 ケン・オーレッタ著、土方奈美訳、文春文庫、2013年

（2）“Optical Fibers: Materials and Fabrication” T. Izawa and S. Sudo, KTK Scientific Publishers, 1987

（3）“Un-locking Our Future: Toward a New National Science Policy” Committee Print 105-B, Committee on Science, U. S. House of Representatives, One Hundred Fifth Congress, September 1998, p.40

（4）『ある農民兵士のいくさ回顧録』安田力壽著、有限会社松屋印刷所、2012年

（5）『アメリカ型成功者の物語―ゴールドラッシュとシリコンバレー』野口悠紀雄著、新潮文庫、2009年

（6）“City of Light The Story of Fiber Optics” Jeff Hecht, Oxford University Press, 1999

（7）『世界の技術を支配するベル研究所の興亡』ジョン・ガートナー著、土方奈美訳、文藝春秋、2013年

（8）『三四郎』夏目漱石著、新潮文庫、2011年

（9）“Three Degrees above Zero : Bell Labs in the Information Age (Mentor Series) ” J. Bernstein, Berkley, 1986

（10）『光ファイバ物語―汗と涙でたどりついた光ケーブル現場試験』枡野邦夫、サイバー出版センター、2014年

（11）『イノベーターズ Ⅰ ―天才、ハッカー、ギークがおりなすデジタル革命史』ウォルター・アイザックソン著、井口耕二訳、講談社、2019年

（12）『2019 光通信関連市場総調査』株式会社富士キメラ総研、2019年

（13）『日本型モノづくりの敗北 零戦・半導体・テレビ』湯之上隆著、文春新書、 2013年

（14）『超LSIの時代』豊田博夫著、岩波書店、1984年

（15）『小さな巨人』鈴木敏正著、オーム社、1996年

（16）『父マルコーニ』 デーニャ・マルコーニ・パレーシェ著、御船桂子訳、東京電機大学出版局、2007年

中原基博（なかはら もとひろ）

1943年福岡県田川市生まれ。1969年九州大学大学院理学研究科物理修士課程修了。同年、日本電信電話公社（現NTT）入社。茨城電気通信研究所にて光ファイバ製造技術等の研究・開発に従事。研究成果の事業化のために1994年NTTエレクトロニクス（株）に入社し、光通信を各家庭へ普及させるための各種光部品の商用化を推進。2003年同社辞職。同年（株）中原光電子研究所を設立し、医療、化学分析、半導体、次世代光通信、脱炭素応用などに適用可能な高精度ガラス部品の開発・製造・販売を開始。現在、同社特別研究室長。1976年理学博士、1980年度電子情報通信学会業績賞、1999年度大河内記念技術賞、2002年電気通信協会ICT事業奨励特別賞を受賞。応用物理学会、電子情報通信学会、Optical Society of America（Optica）会員。

光《ひかり》ファイバ開発《かいはつ》とヤマの記《き》憶《おく》
—日《に》本《ほん》の技《ぎ》術《じゅつ》開発《かいはつ》は日《に》本《ほん》流《りゅう》で—

著　者　中原基博《なかはらもとひろ》

発行日　2023 年 8 月 30 日
2　刷　2024 年 9 月 25 日

発　行　株式会社新潮社　図書編集室
発　売　株式会社新潮社
〒 162-8711 東京都新宿区矢来町 71
電話　03-3266-7124

印刷所　錦明印刷株式会社
製本所　加藤製本株式会社

ISBN978-4-10-910259-9 C0095